# 地球の空調と地震

石平久男

*ISHIDAIRA Hisao*

文芸社

# まえがき

私達の住む地球、かけがえのないオアシスである。多種多様な植物にあふれ、多種多様な生物が一生懸命生きる営みに励み、陸に海に空に無言の喜びを表している。

その命の頂点に立つ私達人間の技術的発展は各国の競争の上に立ち、止まることがない。しかし、どのように技術的発展を遂げても、自然災害、特に地震等に対しては全くの無力に等しい。

私の専門は、冷凍空調とその関連の技術で、地球に関する研究を改めて経験したことはないが、以前より地震発生のメカニズムに違和感を持っていたので、地球内外部構造と地震の関係、そして地震発生のメカニズムについて提起した。

人類がどんなに努力しても、地震発生を止めることは不可能だが、大事なことは地震予知である。これも大きな主題であり、予知能力が完璧になれば災害は激減する。

また、我が国が台風災害を減少させるため、台風の中心付近の気圧へクトパスカルを災害が発生しない程度まで弱める案を国が募集していたので、私の技術案を二案提示した。

地球温暖化が原因と言われている年々増加する砂漠化を、人間の技術で緑化できないか、と可能性を探った。

我が日本には、砂漠はあまり関係ないが、この書がヒントになって世界に貢献できれば幸いである。

目次

# 地球の空調と地震

# 地球内部構造と圧力温度

地球で発生するすべての災害は、熱に起因する。地上で発生する台風、豪雨等の災害はすべて、太陽からの放射熱による海水や湖等からの蒸発によるものであり、地震はマグマ活動と地中圧力である、と私は思う。

まず最初に、地球内部構造と圧力を知る必要がある。人類がどんなに技術的発展を遂げても、地中内部に潜って地中内部の調査研究することは不可能であり、地震等も人類の能力で制御することは永遠にできない。

第一図は、一般的な地球の内部構造の断面図である。外側から海の平均深さ約2キロメートル、岩盤の厚さ60キロメートル、ドロドロに溶けた上部マントル600キロメートル、下部マントル2200キロメートル、鉄と少量のニッケルが溶けた外核2300キロメートル、同じ鉄とニッケルの内核1200キロメートル。これが一般

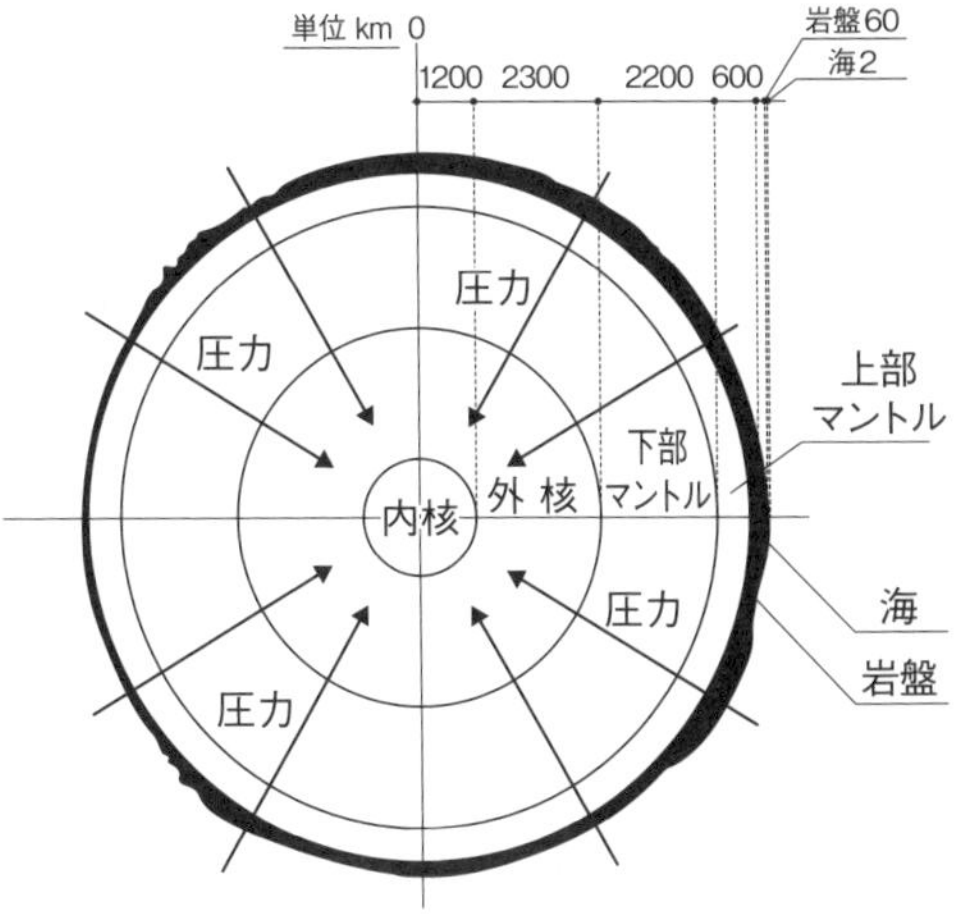


第一図　地球断面図

的な中心までの内部構造である。

半径6362キロメートル、直径1万2726キロメートル、これが地球である。

次に重要な要素を占めるのが、内部の温度である。地球表面の3分の2を占める海底付近の海水温度は、北極、南極、赤道付近を問わず2℃程度である。必然的に海水に触れている岩盤の上部は、2℃ということになる。しかし60キロメートルの厚さの岩盤の先は、上部マントルで約800℃である。すると、岩盤のマントルに触れている部分は800℃に近い温度で、わずか60キロメートルの岩盤が2℃から800℃の温度帯に囲まれている。

後述の地震の項で詳細に記述するが、下

| 物質種類 | 厚さ | 比重 | 圧力 |
|---|---|---|---|
| 海水 | 3km | 1 | 300kg/cm$^2$ |
| 岩盤 | 60km | 2 | 12,000kg/cm$^2$ |
| 上部マントル | 600km | 2 | 120,000kg/cm$^2$ |
| 下部マントル | 2,200km | 2 | 440,000kg/cm$^2$ |
| 外核 | 2,300km | 3 | 690,000kg/cm$^2$ |
| 内核 | 1,200km | 3 | 240,000kg/cm$^2$ |
| 計 | | | 1,502,200kg/cm$^2$ |

第一表　地球内部の圧力

部マントル１０００℃、外核４０００℃、内核５０００℃～７０００℃と言われている。内核については、超高温だが、超高圧が作用して、超高温ながら個体を保っている、という説があるが、私の考えでは、いかに超高圧であっても、個体を保っているわけはない。地上で５０００℃～７０００℃では、鉄であってもガス化して消滅する温度である。

次に地球内部の圧力である。第一表は地球内部の、仮の圧力表で、地上の空気圧力は除外してある。圧力とは、地上より垂直に働く物質の重量である。この垂直に働くという意味は、大切な原則である。

単位は、すべて平方センチメートルで、解りやすくするために、比重は海水１リットル１キログラムで、岩盤、マントルは、石が主成分のため水と同じ容積で２キログラム、鉄が主成分の内核、外核は同じ容積で３キログラムで表記してある。一般的にはこのような集計結果（岩盤、マントル、鉄の内核外核の比重は仮の数字）となり、地球の全重量が中心に集中する。

しかし私はこの第一表のような結果に賛同できない。外核の表面には57万2200キログラム毎平方センチメートルの圧力がかかっており、中心には、150万2200キログラム毎平方センチメートルの圧力が計算上の数字となる。ここで圧力の本質を考慮しなければならない。第二図は圧力の本質を示した図である。

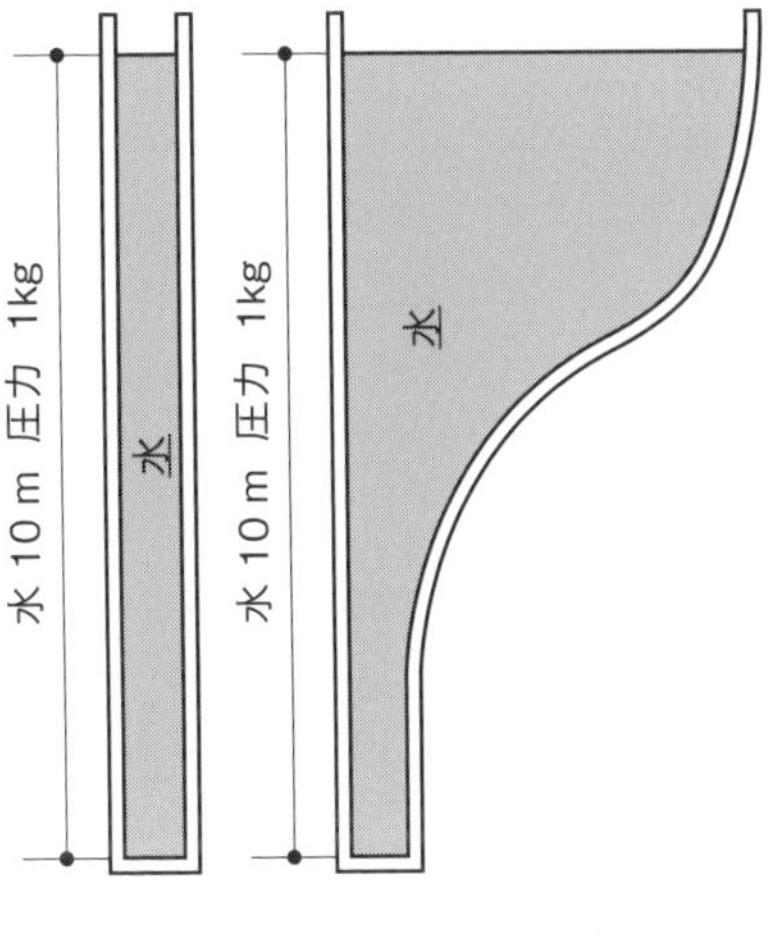


第二図　圧力図

前頁で圧力は、垂直に働く重量と書いたが、地球の直径約1万2735キロメートルの表面積は5億9024万6000平方キロメートルに対し、内核の直径2400キロメートルの表面積は、1808万6400平方キロメートルとなり、表面積は28分の1となる。第二図に示した左側対右側の水量の差は歴然として右側の方が多いが、圧力は同じ1キログラム毎平方センチメートルである。これは垂直に働く以外は、横に広がろうとする圧力に拡散するからである。

同じ原理が地球でも同じで、地上から深度が増すほど容積が小さくなり、最深度は容積がゼロとなる。これは深度が増すほど容積が小さくなるため、余計な質量は横に作用して、圧力を打ち消し合っているからである。従って第一表の圧力表の単なる足し算は成立しない。これが私の持論である。

また、圧力には必ず比重が計算の基礎となるのが当たり前の話である。月の比重は地球の6分の1であるが、質量に比例するので不思議ではないが、地球の地上で計測する比重の数字を、そのまま地中の深度を無視して計測してよいのだろうか。例えば、地上で水1リットル1キログラムだが、外核の表面付近でも、同じ1リットルは1キログラムなのか大いに疑問がある。1リットルは500グラムになっても当たり前である。地球が停止しているならばともかく、太陽のまわりを秒速30キロメートルの高速で回っているうえ、自転もしている。地球上に生活している私達は、自転している自覚はないが、赤道付近では、時速1660キロメートルの速度で回っている。この運動エネルギーは、比重作用に無関係と思えない。地球の中心に近づくにつれ、比重が軽くなるのが自然で、中心では、ゼロとなるのが私の持論である。

結論であるが、地中の圧力の最高点は、外核の上部付近であって、その地点から中心に向かって徐々に減圧し、中心は圧力ゼロとなる、これが私の持論である。

## 不思議な世界

地球の中心に2メートル程度の空間を作り、人が入って立ち上がろうとしても、立ち上がる動作はできない。どの方向も上だからである。頭の方向も、足元も右も左もすべて上である。下の方向がなく、全部上である。そして無重力である。北極点に立つと、水平方向どちらも南である。足元も南である。南極点も同じように全部北であるが、足元はいずれも下である。前項に地球の中心点の圧力はゼロと書いたが、ゼロだけでなく無重力の上の方向ばかりで、下の方向もゼロの不思議な世界である。

# 地震と地熱

地球上で発生する自然災害の項目のうち、もっとも予測困難で、最大の被害を発生させるのが地震である。

物的被害はともかく、人的被害を防ぐには予知の技術向上の他方法はなく、現在の予知技術は無に等しい。

数十年前、静岡大学の某助教授が東南海地震が差し迫っていると警告発表し、慌てて国家予算を投じて、ひずみ計など地震関連の機器を設置した。

しかし数年を経て、警告した本人があれは間違いであったと発表し、私はあ然とした。

日本は、世界で地震発生数の最も多い国の一つである。しかし、あらゆる分野において化学技術が進歩している中で、地震関連は立ち止まったままである。

　さて、いよいよ本題の地震のメカニズムである。東南海地震を例にすると、フィリピンプレートが、ユーラシア大陸のプレートを引きずり込むといわれている。引きずり込まれるユーラシア大陸の岩盤は、弓なりに湾曲し、数百年の後限界に達し、元の位置に跳ね返る。その跳ね返るエネルギーが、大地震と言われている。

　私はどうしてもその論理に納得できない。ユーラシア大陸の岩盤がどのような成分の岩石であっても、所詮は石である。鋼鉄のようなスプリング性があるはずがない。最高に純度のすぐれた鋼鉄でも、数百年も湾曲に耐えて跳ね返るなど、断じてあり得ない。まして岩石である。スプリング性など論外である。

　また、マグニチュード6以上の規模の大きな地震が発生すると、必ず余震が続発する。数日から、数年にわたり揺れ続ける。しかし、今までどのような原理で余震が発生するのか、納得できる説明を聞いたことがない。本震の際の割れ残りが余震の原因である、と聞いたことがある程度である。

　私の持論であるが、地上で発生する災害はすべて熱に起因すると前述したが、地震も地球内部のマントルの対流が原因であると考える。

　地震発生のメカニズムの前に、地球内部の熱の動きについて考える必要がある。

まず最初に目につく火山の熱の放出である。火山爆発の際は、膨大な熱量が大気に放出されるが、火山活動が休止していても、火山ガスと共に一定の熱量が放出されている。次に温泉と共に放出される地熱は、火山帯に多数を占め、地熱を利用した発電所もある。問題は、地球表面の3分の2を占める海洋である。マントルから岩盤に熱伝導し、そして海水の対流により、膨大な熱量が大気に放出される、と予測していた。

日本の深海調査船の調査記録をテレビ画面で観て、南極の海を含め、２０００メートル以下の海底の海水温度は、いずれも2℃の低温であった。しかも上層を泳ぐ魚の排出物と思われる、雪のような、いわゆるマリンスノーが、ふわりと静寂な海底に降りそそぐ姿は、激しく活動している地球とは別世界であった。

岩盤からの熱伝導による海水の対流は、まったく気配がなく、地中から海水への熱伝導は、各地にある海底火山と沖縄近海にある熱水の類いのみである。熱水は、世界で五百ヵ所程度発見されている。

地震の震源が、１００パーセントとなる岩盤を掘り下げ、海底と接する部分が、同じ2℃とすると、６００キロメートルの岩盤の先は８００℃のマントルである。熱伝導率が１００メートル当たり、１・３℃とすると、１キロメートルで１３℃、１０キロメートルで130℃、60キロメートルで780℃となり、計算が成り立つ。このように計算してみると、岩盤の熱伝導が100メートル当たり、1・3℃と意外に低い数字である。陸上についても、火山と温泉を含む地熱以外は、地球内部の熱が大気に放出している気配はない。

シベリアの永久凍土地帯も、夏は太陽の放射によって表面が溶けるだけで、地中は永久に溶けないのが何よりの証拠である。

地球内部の熱が大気に放出されるのを、具体的に数字で示したわけではないが、想定よりも少ないことが理解できた。

太古の昔は、現在とは比較にならないほど火山活動が全世界で活発だった。現在の熱の放出が、想定より少ないとはいえ、現在でも全世界では膨大な熱量が大気に放出されている。

地球誕生以来、数十億年、ひたすら熱を放出している地球は、中心で核融合を続ける小さな太陽である。そしてマグマ活動の源である。

## 大地震

世界で発生する地震の震源地が、上部マントルに接している岩盤内である。第三図Aは、大地震の一例の想定図である。

海溝近くの海底下50キロメートル付近の岩盤は、通常500℃程度で安定していた。しかし、数日前より真下のマグマ活動が活発となり、広範囲にわたり、次第に岩盤の温度が上昇に転じた。中央付近には、明らかにまわりの岩盤とは異質の巨岩が、2キロメートルを超えるような巨体を横たえている。マグマ活動がさらに活発となり、十日ほど経て、巨岩のまわりの岩石が850℃を上回り、溶けはじめた。巨岩も、昇温による膨張圧力が急激に高まっていった。しかし、深度50キロメートルの超高圧の密封世界である。しかもまわりの岩石も、すべて非圧縮の物質である。膨張圧力を吸収する余地など寸分たりとも存在しない。そして、それまで巨岩が個体を保っていたが、まわりの岩石が900℃に達した瞬間、膨張圧力が限界となり、一気に解放された。空白のない超高圧下での、大爆発である。これが大地震発生の原因である。6

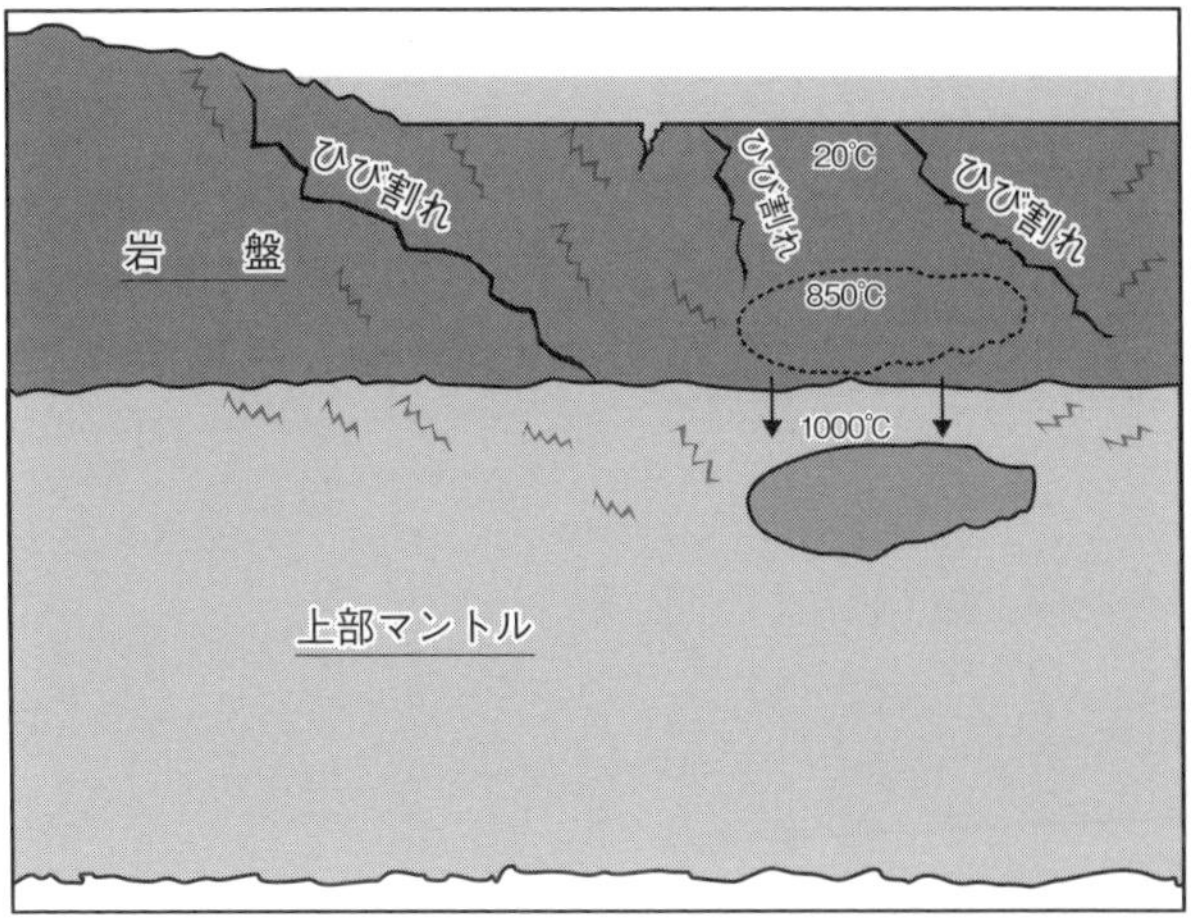


第三図Ａ　大地震

０キロメートルの岩盤、海水、陸地が激しく縦揺れし、海底、陸地に多数の亀裂が発生した。同時に、個体を保ち膨張圧力が解放された巨岩が、マグマの中に沈み込み、マントルと入れ替わった。そのためマントルの大波動により、海底で隆起や、逆に沈下が原因で大津波が発生し、１０００キロメートル先まで横揺れが十分間続いた。さらに割れた海底の岩盤より、大量の海水が激しい勢いで流れ込み、次々にマグマに触れて爆発し、また流れ込んだ海水がマントルによって臨界温度に達し、マグマ活動がさらに活発化し、岩盤の沈み込みにより余震が続く。余震はマグマ活動が沈静化するまで数ヶ月から数年続く。本震から余震に至る過程の私の地震のメカニズムを書いたが、原因はマグマ活動の活発化である。仮に2キロメートルの巨大な岩石の温度が400℃上昇すれば、5~6メートル膨張しても、超高圧の中では、膨張分を吸収する余地など全くあり得ず、まわりの岩石も温度上昇による膨張が溜圧されている。

限界に達した瞬間、解放されて起こる大爆発が大地震の縦揺れである。この瞬間の破壊力は凄まじく、厚さ60キロメートルの岩盤が激しく振動し、多数の割れ目が生じるのは、自然の理である。同時に、岩石の沈み込みによるマントルの波動も激しく、60キロメートルの岩盤が長時間揺れる。地上のアラスカや南極の大きな氷河が、海に突き出た部分で、氷河の塊が大きく割れて、海に沈み込む時の海の波動に似ている。水よりマントルの粘度が大きいので、波動のリズムが大きく長い。また、海底にできた岩盤の割れ目より流れ込む海水の衝撃である。海水の圧力は、200キログラム毎平方センチメートルである。矢のような速度で震源地に流れ込み、高温のマグマに触れて爆発し、海水が高温高圧となって臨界温度に達し、マグマとなってさらに活発化し、余震が続く。

大地震の発生前から余震に至る過程を書いたが、海水とマントルの物理変化、マグマ活動の状態変化を、詳細に表記する必要がある。まず海水が地上で1000℃近いマントルに触れると、爆発的に拡散し蒸発する。しかし、超高圧下で触れると、爆発的衝撃は発生するが蒸発はしない。一定の温度を超えると、成分が異なるマグマに状態変化する。その温度が臨界温度である。マグマに状態変化した海水は、再び海水に戻ることはあり得ない。次にマグマ活動であるが、震源地の下からのマグマの温度上昇が起こる。理由なしで、マグマの温度が上昇することはあり得ない。地震と地熱の項で、地球は小さな太陽である、と書いたが、地震の原因となったマグマ活動の真下の外核の一点が、通常の明るい黄色と異なり、白色に輝き、十日ほど続いた。一点とはいえ、10平方キロメートルの広大な外核からの放熱である（第一図参照）。

下部マントル、上部マントルへの対流的熱伝導によって、岩盤まで伝熱した。以上が、海水の状態変化とマグマ活動の詳細である。第三図B大地震の想定図は、ユーラシア大陸プレートの下に海洋プレートがもぐり込んでいる付近で、大地震が発生した図である。当然、跳ね返るエネルギーが大地震と言われているが、大陸プレートにそのような気配は絶無で、年に5センチメートルの速度の海洋プレートの対流の終着点であることを表している。もぐり込んだ先端が、マントルに溶解同化されている。

十日ほど前より、大陸プレートに接している付近の真下でマントルの温度が急速に上昇した。遂に１０００℃を超え、接する岩盤も１０キロメートル上部まで８００℃に達した。前述の地震では異質の岩石だったが、今回は同質の岩盤である。

やがて膨張圧力も限界に達し、一気に解放され、半分溶けた岩盤も、膨大な塊となってマントルに沈み込み、大波動を発生させた。膨張圧力の解放による、岩盤の激しい縦揺れによる多数のひび割れ、海水の流入等、前述の地震と同じだが、違うのは異質の巨岩石が個体のままマントルに沈んだが、今回は同質の半溶けの状態の沈み込みである。岩盤とマントルの比重が大きく異なったため、マントルの波動のリズムに大きな差が生じた。これは、地上の液状化に大きな影響が生じるはずである。

重視すべきこととは、第三図Ｂに示した温度帯である。右端は、平常時の温度を示しており、中央部が、地震発生時の温度を示している。平常時より、２０キロメートル上までが、約８００℃となる。絶対に見逃すことができないのが、岩盤の熱伝導率を考慮すると、普段は２℃程度海底の温度が、最低２０℃に上昇しているはずである。第三図Ａでも、海底温度約２０℃は最低の数字で、この数字を、この地震の項では最重要視する必要がある。いずれも、通常は２℃程度で、マリンスノーと言われるほど、

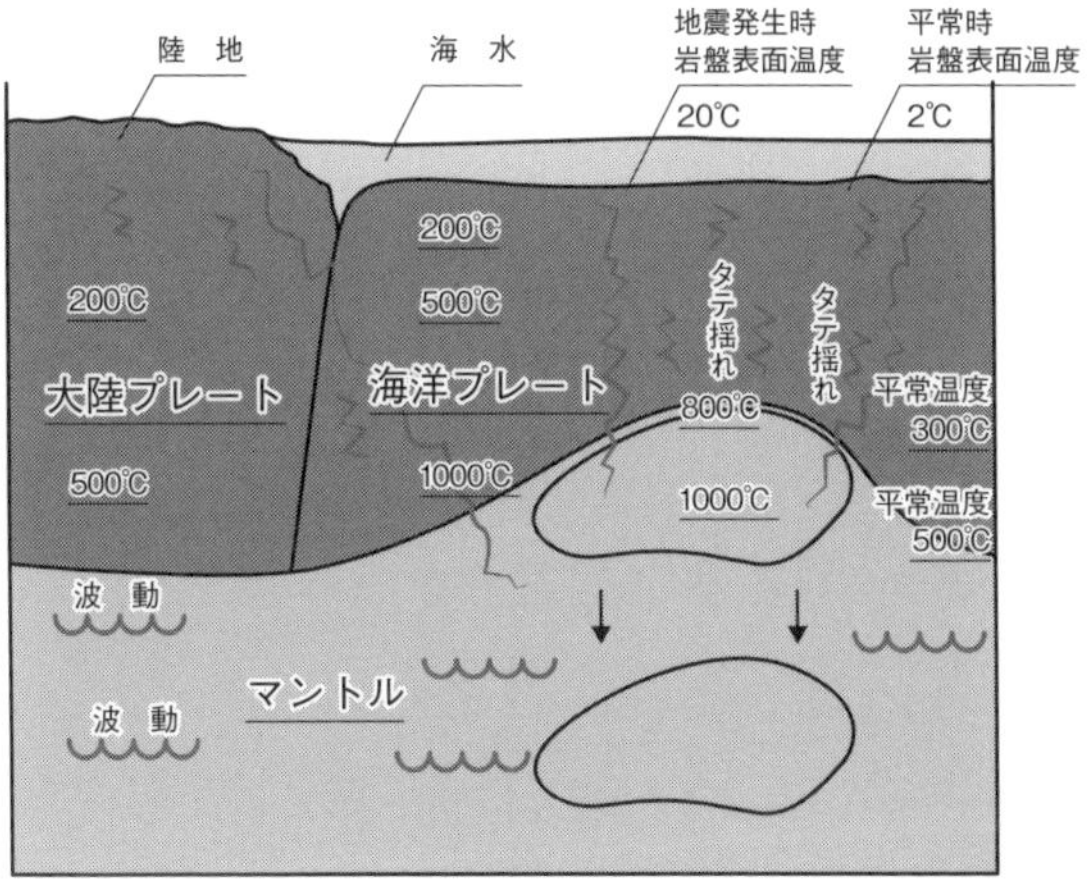


第三図Ｂ　大地震

静寂の海底であるが、２０℃となれば、活発な対流活動となり、海底に溜まった泥が舞い上がり、暗黒の世界となる。

## 内陸の大地震

　基本的には、マグマ活動の活発化にともなう、膨張圧力の解放による爆発的エネルギーと、岩石の沈み込みにより起きる、マグマの波動よる地震である。その後も、小規模の岩石の沈み込みによる余震は続くが、地上までの地割れはあるものの、内陸のため、海水の震源地への流れ込みは皆無である。従って、海水とマグマの衝突の爆発的現象はゼロである。

そのため海上大地震に比べ余震は少ない。

## 単発小地震

マグニチュード3程度の地震が発生するたびに、震源の深さを注視している。例えば、震源の深さ30キロメートルと発表された時、マグマが上昇し、岩盤の隙間に溜まっていた海水に触れて爆発し臨界温度による質変化、あるいは岩石の膨張圧力の解放が主因と思われる。先に岩盤の厚さは60キロメートルと書いたが、必ずしも均一ではなく、半分程度の場所も実在しても不思議ではない。そして、マグニチュード5以下の地震では、余震はほとんど発生しない。

## 火山帯の地震

活火山の浅間山より南の小笠諸島付近までが、富士火山帯といわれている。特に伊豆諸島近海を震源とする地震については、震源の深さが特に浅い。気象庁の発表を注視しているが、震源の深さが5キロメートル、あるいは、ごく浅いと発表される。5キロメートルは、日本の地球探査船のパイプ掘削可能の深さである。ごく浅いと発表される深さは、2キロメートル程度と想定している。無論、予震が発生する規模ではない。このような現実から、この辺りの岩盤の厚さは、海水を含め、20キロメートル程度と想定している。マグニチュード3程度でも、広島の核爆発以上のエネルギーであり、マグニチュード4では、広島型の十個分以上と言われている。この程度の単発地震も、あくまで熱が原因と確信している。マグマの上昇により、岩盤の温度上昇の膨張圧力による解放、あるいは岩盤の隙間に溜まった海水の膨張圧力による解放である。

## 地震発生と予知

世界各地で地震発生や災害が発生しているが、特に日本は地震多発国で、大地震が発生するたびに、人的・物的災害が甚大な規模で発生する。しかし地震発生予知能力は、全くゼロに等しい。例えば、東京を含む関東地区の大地震発生の確率は、三十年以内で70パーセントである、と発表された。このような予知ならば、100パーセント的中する。地震が発生しなくても、100パーセントとは発表していない、ということになる。現在の予知レベルは、この程度である。ここでじっくり立ち止まって、根底から考えてみる必要がある。

これまで書いた、私の地震理論は、あくまで地下のマグマ活動に起因する。となれば、地震予知の方策もおのずから決まってくる。

第三図Bに示したように、地震発生数日前より、震源地週辺の岩盤温度が平常温度より昇温するはずである。それならば、北海道より九州までの日本列島及び、沖合100キロメートルまでの海上を含め、地下20キロメートルの岩盤の平常温度を検知掌握することで予知ができると考える。20キロメートル間隔で検知センサーを設置し、一日一回温度確認することにある。理想論を書いたが、これが実現できれば地震予知は完璧である。20℃上昇した場合警戒警報、50℃上昇した時警報となる。

このシステムの最大の難点は、20キロメートルの岩盤監視検温であり、さらに海上に設置するセンサーは、地下20キロメートルの岩盤の監視検温結果を水中から送信することにある。

さらに、このシステムが、技術的に可能となれば、一日一回日本全土を網羅する地震監視人工衛星を打ち上げ、温度監視することができる。現在の技術レベルで、海底下20キロメートルの岩盤監視検温が不可能であるならば、海底下に溜まった泥の中に設置して、海底の岩盤の表面温度を計測してもよい。第三図Bに示した岩盤の平常の表面温度2℃に対し、大地震発生時は約20℃を示している。この温度差を利用すれば、予知は可能である。これも、水中送信技術が可能であればの話である。我が国の潜水艦技術は世界のトップクラスで、潜ったまま十日くらいは作戦可能であると承知している。ならば、送信技術も水中から可能である。となればどうしても岩盤表面温度送信技術が地震予知には不可決である。

今後、人類がどんなに技術を発展させても、地震の発生を防ぐことは不可能である。しかし、地震予知に関しては、間違いなく可能である。今後、海上で大地震が発生した時、直ちに調査船を派遣して、海底の岩盤の表面温度を計測し、平常温度との差を確認する必要がある。海底の深さ2000メートルと200メートルでは、当然平常温度に差があるのはあたりまえのことで、前述した20キロメートル間隔に設置する温度検視センサーで、平常温度の確認がもっとも大事である。

# 地震のあとがき

地球を真っ二つに切って（第一図参照）、断面を見れば、マグマのドロドロに溶けた溶岩の上の平均６０キロメートルの岩盤に、林立する都市が載っている。東京をはじめ、各地の海岸の地方都市には競うように高層ビルが林立している。これを見て、少し心配になった。四十階、五十階、大変な重量だろうな、と思ったからである。ある専門書を読《み》て、南極大陸が氷の重みで海抜０メートル以下に沈んでいる面積が多い、と書いてあった。氷の重さとビルの重さは比ぶべくもないが、地球誕生以来、自然にできた地形に不自然な重量を載せれば、長い時間をかけて沈下するのも当然である。

林立する超高層ビル群の大都市を、マグニチュード8クラスの地震が襲った事例はないが、エレベーターが停止したり、停電した程度で済むとは思えない。徐々に地盤が沈下し、取り返しのつかない事態が発生しかねない、と警告したい。現在の建築は、震度7程度でも耐え得るよう設計されているが、地下の岩盤が沈下したり、隆起したらもう壊滅的である。地球の質量は一定である。沈下する場所があれば、必ずどこかが隆起することになる。地球の質量は、一定の原則があることを忘れてはならない。

# 台風の災害と制御

## 台風の恐怖

突然、予告なしに発生する地震の災害と異なり、数日前より心の準備ができるのが、台風である。

平成二十二年十月に、伊豆地方を襲った台風は、忘れることができない。本州の南西海上で発生した台風は、超小型で、全体で約50キロメートルくらいの超小型で、最初は気に留めることがなかった。二日前になって、超小型ながら、940ヘクトパスカルまで気圧が下がり、しかも、東北東の伊豆半島に向かって進んでいる。以後、朝昼晩、気圧の上昇を期待して気象情報を注視したが、そのまま勢力を維持して西伊豆に上陸した。上陸して三十分ほど経た時点では台風がまったく感じられないほど、熱海、伊東地区は静かであった。940ヘクトパスカルという発達した数字に、恐怖感が安堵感に変わりはじめた時、天候が急変した。猛烈な風雨が襲った。今まで、経験したことがない周囲の空気の色が一変した。クリーム色である。濃霧とは、全く違う、青白いクリーム色である。屋根がふっ飛び、二階の通し柱が折れた。要するに二階の建物が折れたのである。超小型の台風らしく、二十分弱で何事もなかったように静かになった。この台風で、伊東市宇佐見地区の多数の屋根がふっ飛んだ。

翌日、近くの林道を歩いて驚いた。山の沢の雑木が、山上に向かって一斉に倒木していた。同じような暴風が、狭い範囲で沢伝いに山上に向かって吹き抜けたことを物語っていた。また、中腹あたりの桧林《ひのき》が、幅100メートルにわたって、表層崩れで倒木していた。これは、強風により極度に低下した沢に向かう、激しいダウンバースト(下降気流)により、桧が倒れ、根がめくれあがって表層崩れが発生したのである。表層崩れが発生して、桧が倒木したのではなく、桧林が倒れ根がめくれたので、表層崩れが発生したのである。それは、倒木した根が山上に向いていたのが、何より証明していた。

この項で特筆すべきは、クリーム色の風である。このクリーム色の風という表現は、今まで、活字で読んだ記憶がなく、耳からの情報も聞いたことがない。その後、実際にクリーム色の空気を目で見る機会が二度あった。一度は、エアーコンプレッサーのノズルの先端から、激しく吹き出る空気の色と、着陸態勢に入った航空機の主翼の下に縦に付いている小さな羽根の後方の空気の色が、同じクリーム色であった。たまま、主翼のすぐ後ろの、直視できる位置に座っていたので、はっきりと確認できた。いずれも、10センチメートル程度の長さの小さなクリーム色の空気であった。

それが目の前の付近一帯と表現するほど、大規模の烈風が吹き荒れたのである。三十分ほど吹き荒れた普通の暴風（といっても、秒速30～40メートル）の途中で、クリーム色に変化した烈風は、恐怖心により長時間に感じたが、実際は一、二分で、この台風は、超強烈で超小型の台風であり、超超大型の竜巻であった。

## 台風の制御

平成の時代も最後を迎えた頃、国が暴れまくる台風を、人間の技術で制御することができないか、と公式に発表した。

台風とは、改めて説明するまでもなく、熱帯で発生した反時計回りの低気圧で、前述のように、真径が50キロメートルの超小型のものから、1000キロメートルを超える大型のものまである。問題は中心付近の気圧で、前述の台風は真径が50キロメートルの超小型で、940ヘクトパスカルで上陸し、クリーム色の烈風が吹き荒れた。秒速75メートル以上でなければ、クリーム色にはならないと思う。このような破壊的暴風を伴う発達した台風が日本列島に近づく前に、人工的に被害が発生しない程度まで弱体化（中心気圧を上げる）するのが主題である。

第四図は、台風の中心付近の平面図で、第五図は、その断面図である。反時計回りの上昇気流で、対流圏（約1万メートル）まで上昇すると、横に広がる。中心には直径20～30キロメートルの目があり、下降気流の高気圧で、そのまわりは暴風が吹き荒れている。結局、台風は大型小型に関係なく、中央付近の発達の度合が、猛烈、非常に強い、強い、などと表現されている。この猛烈にランクされたまま、日本列島に上陸する危険が生じた場合、弱体化するよう制御する必要がある。

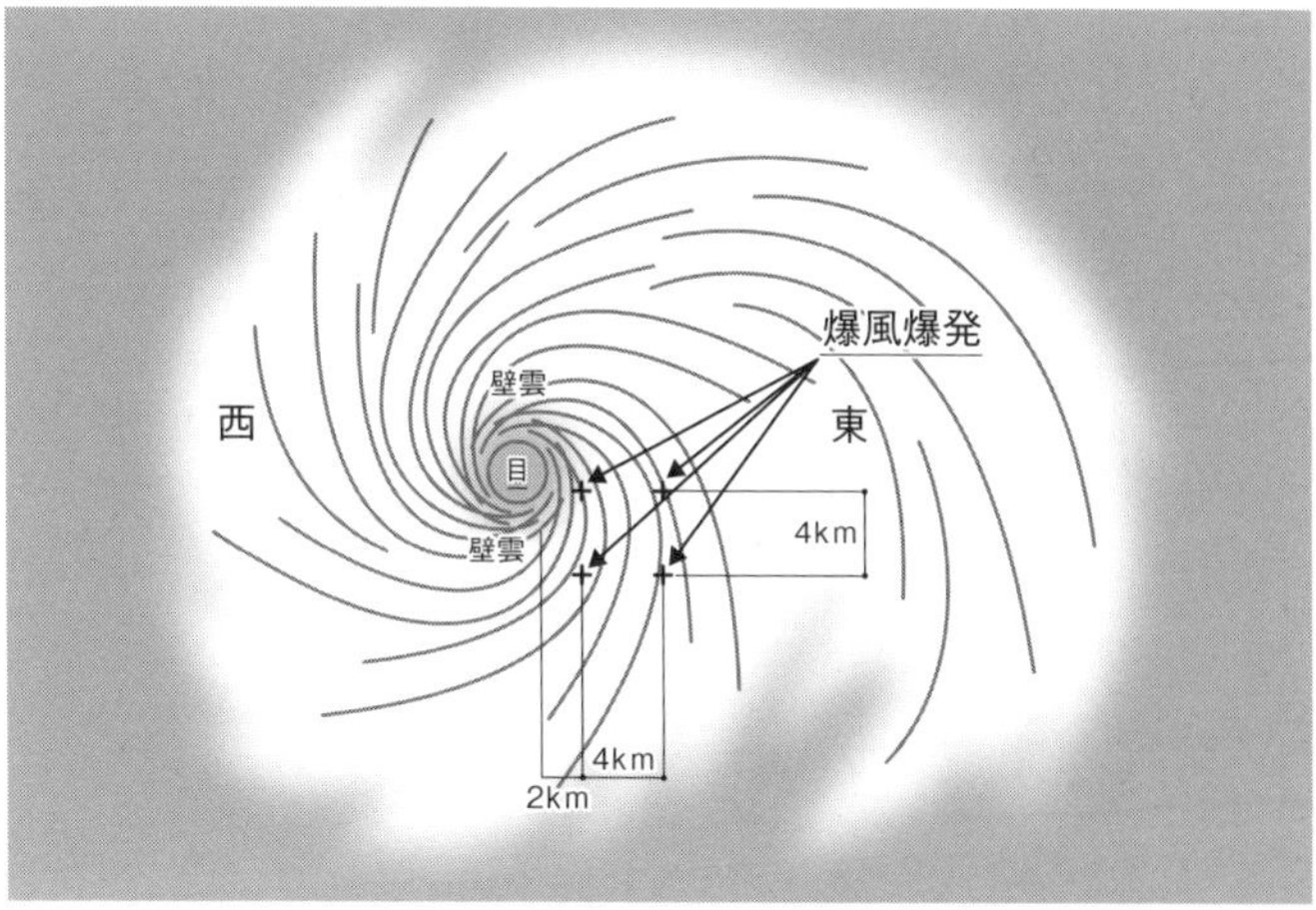


第四図　台風中心平面図

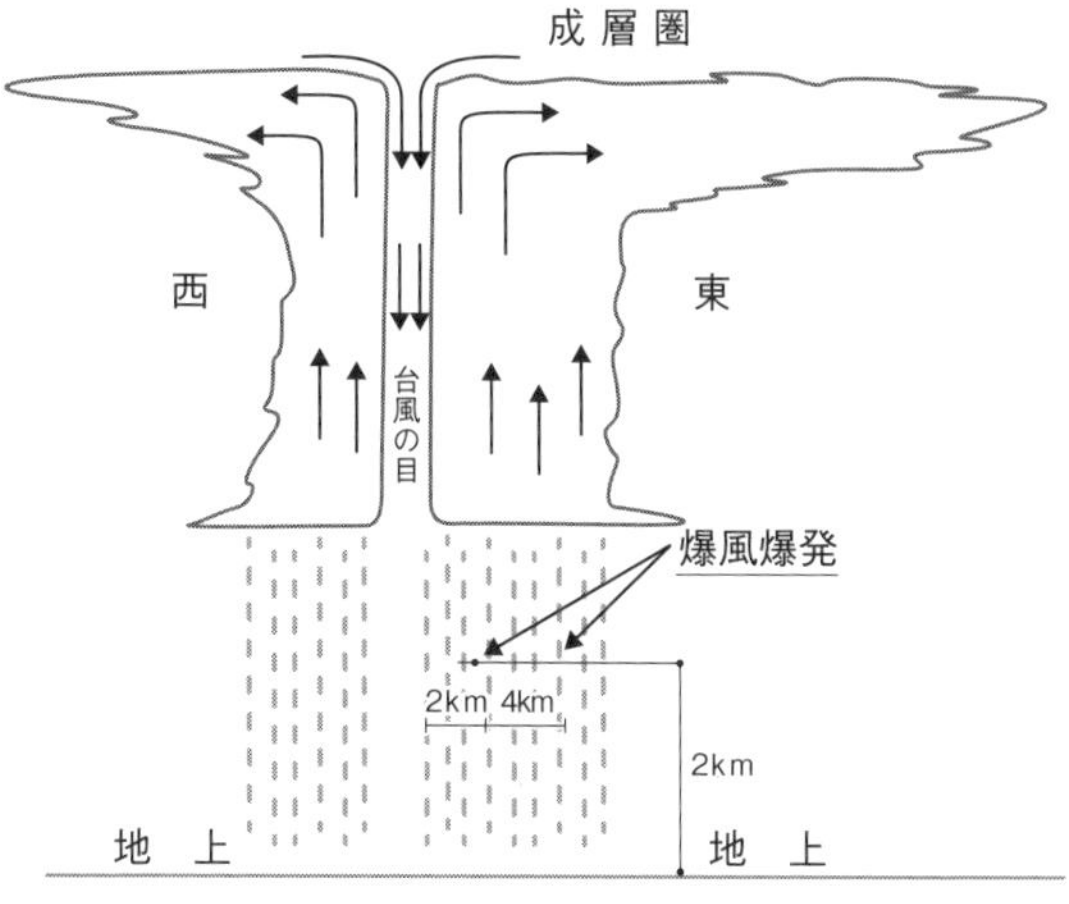


第五図　台風中心断面図

第一案

爆発すると、半径1万メートルの爆風の威力のある爆弾を開発する。爆弾の名称は、あまりにも刺激的なので、以後風爆と表現する。この風爆を、台風の目の東側の壁雲より2キロメートル入った地点に一発、さらに東側に4キロメートルの地点に一発、また、それぞれの南側に一発ずつ、計四発を、地上2キロメートルの上空で同時に爆発させる（第四図、第五図参照）。自衛隊の航空隊に依頼すると思うが、あくまで、同時に爆発させなければ意味がない。

爆発後の検証をすると、爆発により、直径2キロメートルの球型の真空状態が、四ヵ所発生する。爆発と爆発の中間点は、一時的に空気が圧縮され、特に四ヵ所の中間点の空気の圧縮は、爆発前の気圧の三倍くらいに跳ね上がる。数秒後、球型の真空地帯に、四方八方より空気が激しい勢いで集合、衝突し跳ね返る。再び集合衝突を繰り返し、爆発前の空気の流れに戻るまでに十分間程度は要すると想定される。否、爆発前の流れに戻ったように見えても、実際は微妙に流れのリズムが変化している。

総括すると、台風の目の壁雲の東側がもっとも核心の部分で、この爆風作戦もそれに沿ったもので、台風を風爆でふっ飛ばすようなものではなく、また消滅するはずもない。それは、海上に高さ３０００メートル、横幅６０００メートル、奥行６０００メートルの巨岩が突き出て、その西側を台風の目が通過するという意味である。台風には、中心の東側が上陸すると急速に衰弱する性質がある。その性質を利用し、爆風による人工的な巨岩を作り、台風の渦巻のリズムを乱すことで勢力を維持するための海水の蒸発の減少を誘発し、猛烈から非常に強いランクに下げるのが目的である。

目には見えない巨岩を出現させるために、風爆の位置、高さの同時爆発が不可欠の条件で、成功すれば二十四時間後に、約１５ヘクトパスカル衰弱すると想定している。

具体的に、９６０ヘクトパスカル以下で上陸すると予想された時、風爆作戦を実行すべきで、９７０ヘクトパスカルになれば風による被害はほとんど考えられない。当然の事由だが、日本の領海、あるいは日本の経済水域に入らなければ実行できない。

**第二案**

日本に近づく台風のほとんどが、北緯十度のフィリピンの遥か東の海上で発生し、沖縄近海を経て日本列島に近づく。

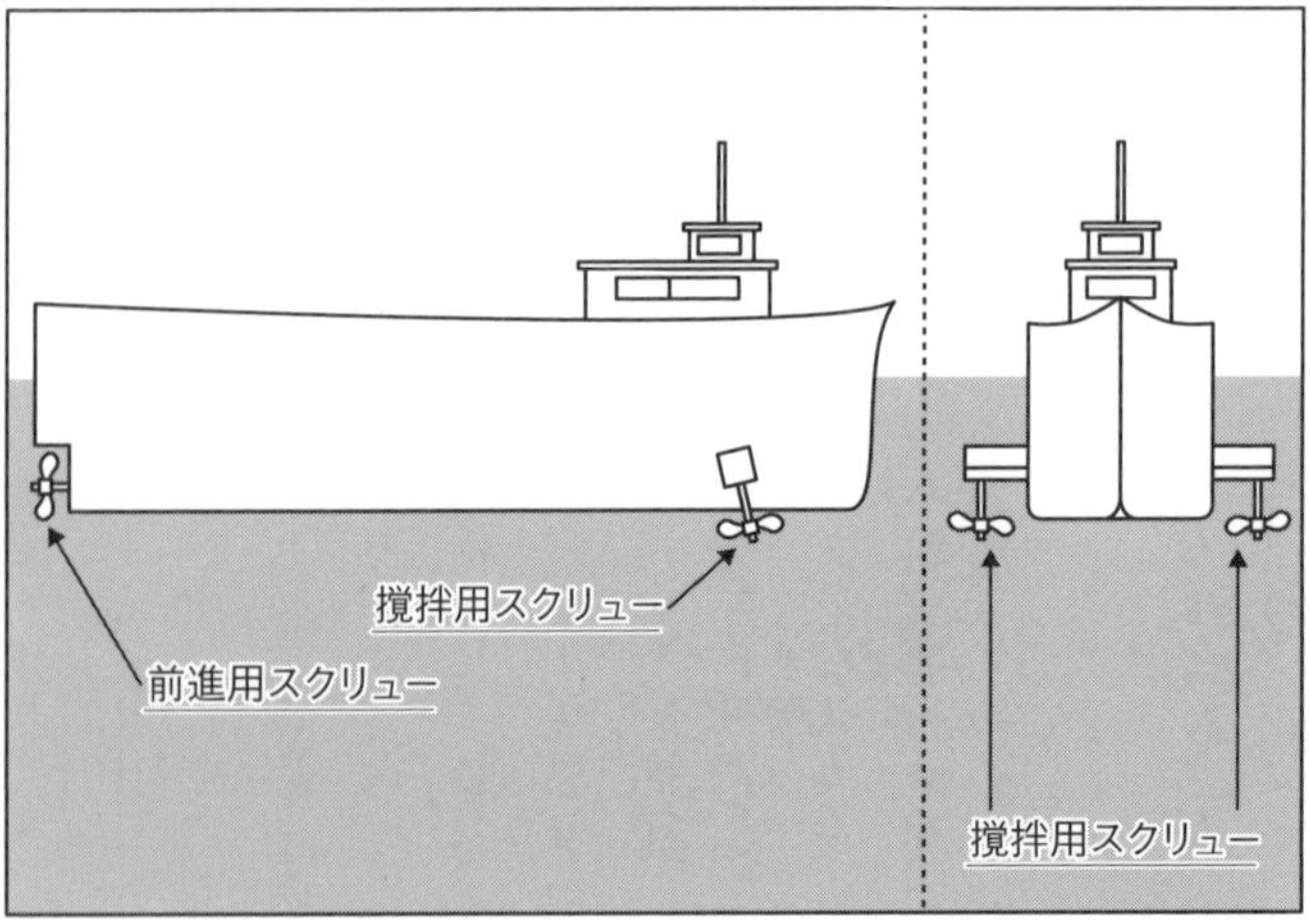


第六図　台風制御船（側面図）／第七図　台風制御船（正面図）

最近の台風の進路予測は、正確さを増し、特に二日後の位置は正確である。

台風は、熱帯低気圧が発達したもので、海水温度によって、発達の度合いが左右される。海水温度が２７℃が分岐点で、２７℃以上であれば発達し、２６℃以下ならば衰退するのが特徴である。

第六図および第七図は、台風制御船（仮称）である。後尾のスクリューは普通の前進のためのものであり、船首の２個のスクリューは船底付近の海水を、海上に浮上させるためである。場所と季節にもよるが、海水の表面温度が２８℃の場合でも、１５メートル深くなると、５～６℃低下する。となれば、船首のスク

リューの位置も海面より15メートルの深度が望ましい。

実際の運転状態を想定すると、風爆作戦で示した第四図の台風の目の東側が通過する前日に、50平方キロメートルの面積の海面を隈なく航行し、海水を撹拌して海水表面温度を25℃以下に低下することにある。次に台風の予定進路の一日分先の海面に移動し、同じように50平方キロメートルの海水を撹拌する。結果的に、台風の目の東側が二日にわたり、合計100平方キロメートルの25℃の海面を通過することになり、台風の気圧を15ヘクトパスカル弱体化を予定している。

船体を含めもう少し細部を説明すると、まず船体であるが、海面より15メートル深度の位置にスクリューを設置するとなると、2000トン程度の船体となり、横幅も30メートルと想定している。この船が航行すると、幅50メートルの海水が撹拌される。広い農地をトラクターで耕作するように、台風制御船を航行すれば、一日に50平方キロメートルを撹拌するのは容易である。

**追録**

現実に、台風通過の一日前、二日前となれば海上は大荒れで、6メートル7メートルの大波の中を台風制御船が撹拌航行することになる。従って、すべてにおいて、今までの常識的な視野ではなく、船体の形は第六図、第七図の常識的な船の形ではなく、潜水艦に近いような形が必要と思われる。実際の航行も、波と波の間を半潜水航法で運行すれば、たとえ10メートルの大波でも、問題なく航行できる。以上が、台風の制御案である。

# 砂漠緑化計画

## 目的と概要

現在、全世界にわたり砂漠の増加傾向が続いている。原因は地球温暖化といわれているが、地上や河川、海水からの水の蒸発量に変化はないはずである。むしろ、温暖化すれば蒸発量が多くなり、自然現象的には降雨量の増加と捉えるのが常識的である。アマゾンやアフリカ及び熱帯雨林等で、広大な森林を伐採して耕作地に変更する、いわゆる森林の農地化現象も、砂漠の増加の原因といわれている。

人類の科学技術発展に比例して、地球温暖化、砂漠の増加、北極や南極の氷の減少等急速に地球が壊滅に向かっているような気がする。海中のプラスチック塵など、回復不能のところまで進んでいる。昭和四十年代の急速な発展中、現在のプラスチックの汚染を想像できなかった。死んだ魚や、クジラ、海獣等の体内からプラスチックの破片が検出されている。

今回のこの砂漠緑化計画は、環境破壊ではなく、人類の技術と自然環境との美しい戦いである。

**第一案**

砂漠緑化計画は、砂漠に雨を降らせることである。砂漠に樹木や草が生えないのは、降雨量が極端に少ないからである。アフリカ諸国や、中東諸国の砂漠地帯も、高温多湿の空気は普通の降雨地帯と同じように存在するが、ほとんど一年中気圧が安定しているので降雨状態にならない。

まず最初に、基本的な空気の性質を解説する必要がある。

太陽の照射などによって、地上付近（海上付近）の空気の温度が上昇する。すると、空気の比重も軽くなり、大きな塊となって上昇する。上空は高度が増すほど気圧が低くなるため、上昇した空気の塊は膨張する。膨張すると、上空の気温に関係なく、温度が低下する性質がある。低下率は、1000メートル当たり10℃である。気象用語で、断熱膨張冷却と言う。また、対流圏（高度約1万メートル）には、自然減率（高度が増すほど、気温が低下する）があり、低下率は1000メートル当たり約6℃である。

気圧が安定していると、雨が降らない例を再現すると、太陽の照射により地上の気温が35℃に上昇し、比重も軽くなり、大きな塊となって500メートル上昇した。そして断熱膨張冷却で5℃低下し、30℃となった。その上空は、自然減率で32℃であり、上昇した空気のほうが気温が低くなりそれ以上は上昇しない。従って、天候が変化することはない。気圧の安定とは、気圧のバランスが崩れないことである。上空に強力な寒気が入り自然減率のバランスが崩れると、地上付近の暖かく湿度の高い空気が上昇し、断熱膨張冷却で降雨状態になるまで冷却上昇する。このような状態が気圧の不安定である。

この他実際の降雨状態を解説すると、温暖前線は暖気が寒気の上に乗り上げて進み、寒冷前線は暖気の下にもぐり込んでぐいぐい進む。また停帯前線は停止した状態で寒気と暖気がぶつかり合って、長く降雨状態が続く。いずれの場合も、断熱膨張冷却によって、地上付近（海上付近）の高湿度の空気が降雨となる高度まで上昇し、断熱膨張冷却で水分が凝縮され雨となる。

台風の場合も、反時計回りの気圧差によって、遠心力で海上の空気を上空まで吹き上げて雨を降らせる、というメカニズムは変わらない。

ここまで読むと、地上付近の空気は、何メートルまで上昇すれば雨が降るようになるのか、あるいは、何度まで冷えれば雨が降るのかという疑問が生じると思う。

しかし、はっきりと数字を示すのは困難だが、温度35℃、湿度80パーセントの場合、露点温度（凝縮温度、雲ができる温度）は31℃で、同じ温度35℃、湿度70パーセントでは28・5℃が露点温度である。このように、同じ気温でも湿度が違えば露天温度が異なる。恐らく、この露点温度より15℃程度低下すれば降雨状態になると想定する。

このように、降雨状態には多種多様の過程があるが、この砂漠緑化計画では、人工的に地上付近の大量の空気を2000メートル以上の上空まで持ち上げ、雲を発生させて降雨を実現させるという大構想計画である。

第八図が、砂漠緑化計画の全体構造物である。四方に充分な空気吸入口を備えた土台の上に直径100メートル、長さ2000メートルの円筒を直立させた構造物であ

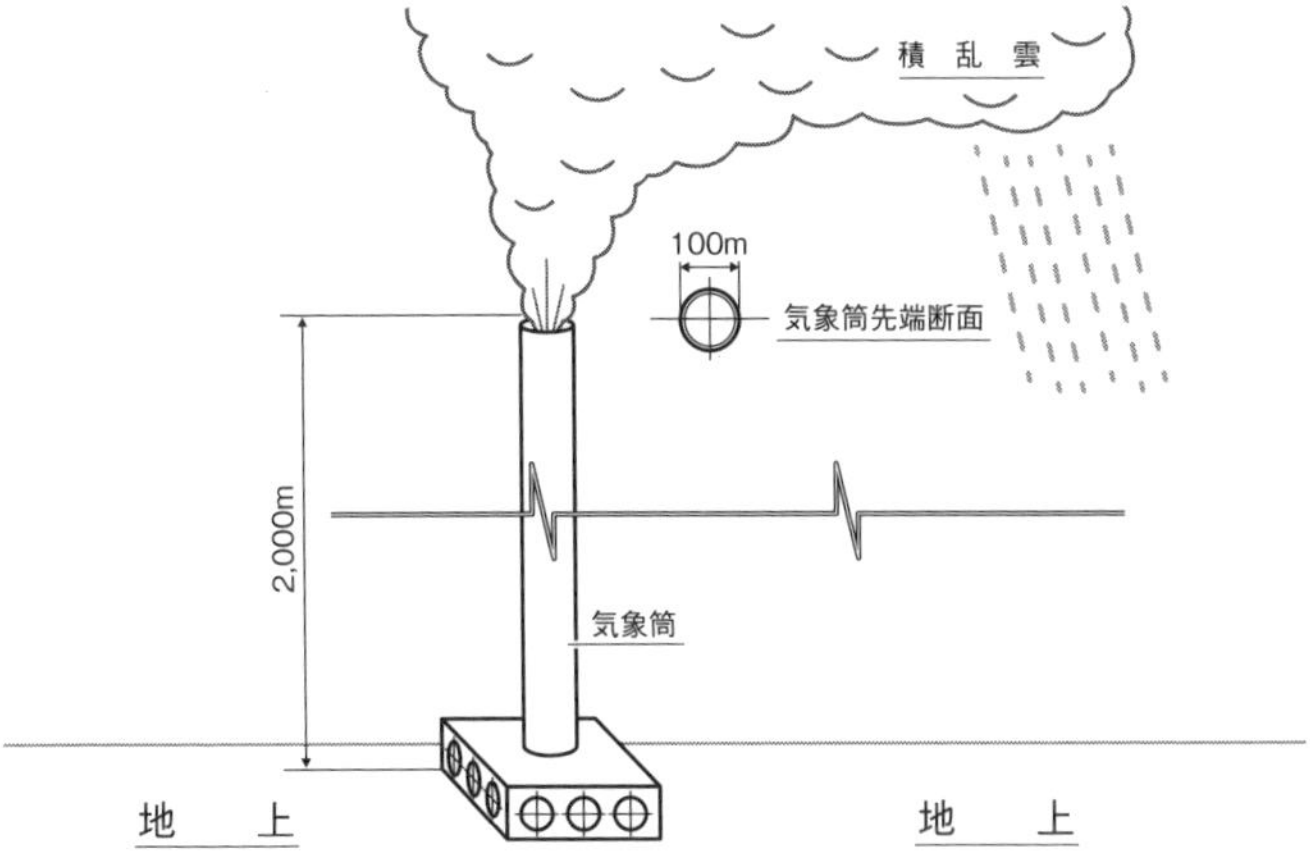


第八図　砂漠緑化計画に使用する構造物

る。図示した構造物の寸法は、仮の数字である。基礎部分は、鉄筋コンクリートの構造物となるが、直立した円筒は滑らかなステンレスが望ましい。煙突ではないので、仮の名称を気象筒とする。

この設備を、砂漠の中心付近に設置し、実際の稼働状態を想定する必要がある。

設置した付近の地上の気圧は1020ヘクトパスカル、気温30℃、湿度75パーセント。2000メートルの上空の気圧、804ヘクトパスカル、（空気密度1・1キロ毎立方メートル、重力加速度9・81）として計算した数字である。

地上の風速0メートルの空気が、充分な吸気面積の四方の吸気口から、気象筒の下部に到着した時点で、速度と膨張変化で5℃低下し、25℃に変化し、湿度も100パーセントに上昇していると推定する。この空気が、直径100メートルの円筒内を、秒速20メートルの速度で煙突作用で上昇する。この砂漠緑化計画の最大の利点は、円筒内を上昇する空気の状態変化である。自然界の空気の上昇は、前に述べたように、断熱膨張冷却であり、上昇するほど気圧が下がるため膨張し、湿度も上昇し温度は低下する。しかし、円筒内を上昇する空気は、円筒の限られた空間により膨張できない。膨張しなければ温度低下もせず、温度25℃、湿度100パーセントの、気圧950ヘクトパスカルのまま2000メートル上空まで到達し、804ヘクトパスカル、気温18℃（自然減率12℃）の上空に猛烈な勢いで噴出する。噴出した空気は、噴出した勢いで、さらに500メートルの高度に達し、瞬時に5℃まで低下し、積乱雲を形成する。当然、激しい降雨状態となり、上空の吹く風によって広範囲に広がる。気象筒を毎秒20メートルで上昇する膨大な空気は、毎秒15万7000立方メートル、毎分942万立方メートル、気圧950ヘクトパスカルとなり、直径100メートルの気象筒の先端より、噴出する。すると、付近一帯が乱気流となり、安定していた砂漠地帯の気圧が不安定となって、不安定の地帯がさらに横に広がっていく。

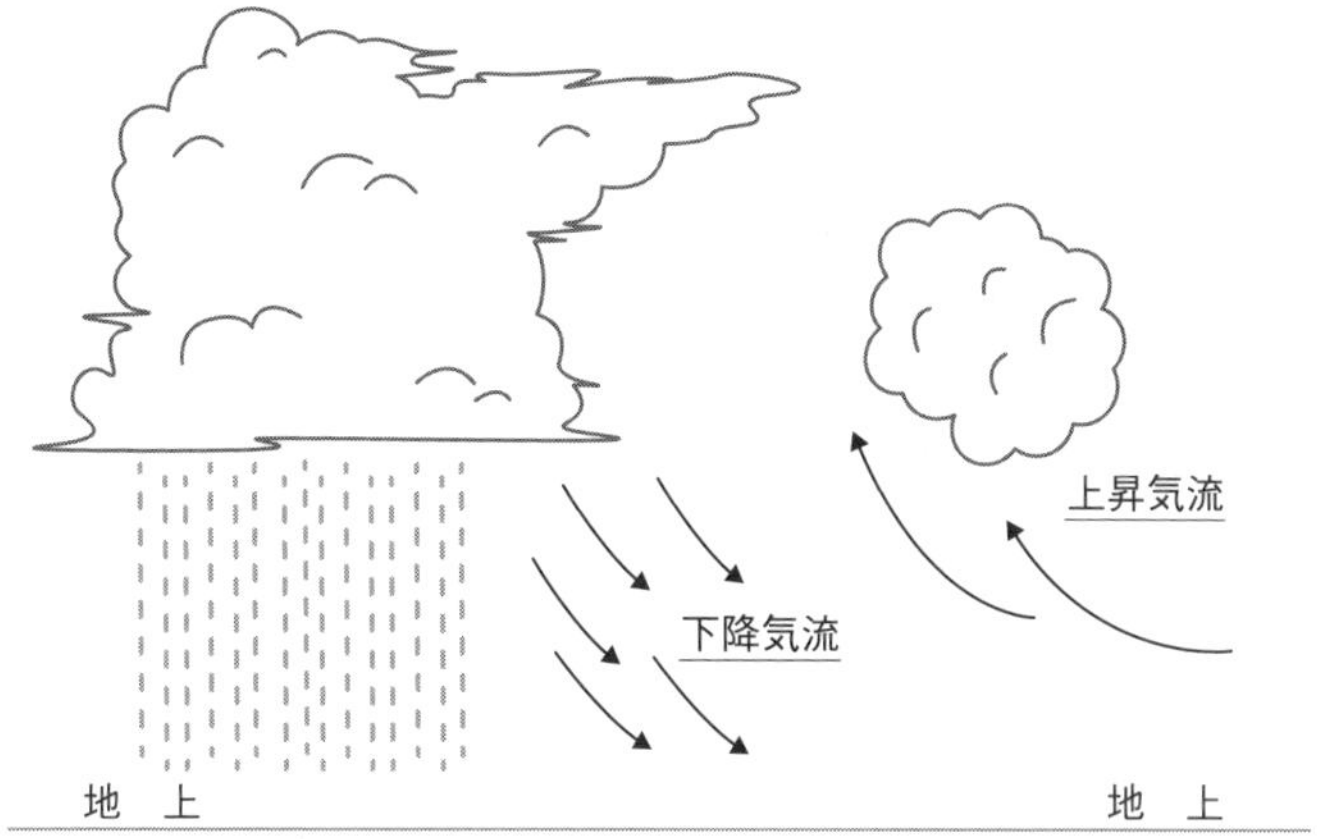


第九図　ガストフロント現象

地上の空気の気温や湿度によって、大きな差となるが、今回の条件、気温30℃、湿度75パーセントの場合、かなり発達した積乱雲となり、猛烈な降雨となる。期待するのは、猛烈な雨により空気が冷えてダウンバースト（下降気流）となり、その先が上昇気流となって、積乱雲を発生させ激しい雨となる。その雨により、空気が冷えて再びダウンバーストになり、その先が激しい上昇気流となり、積乱雲を発生させる……。いわゆる第九図に示したように、ガストフロントの状態でダウンバースト、上昇気流をくり返し、200キロメートルくらいまで進む。今まで、安定していた砂漠地帯の気圧配置も、気象筒の設置により不安定化となり、数百キロメートル離れた場所で突然低気圧が発生したり、寒気が入るようになった。

以上記した実況的文章は、気象筒設置により、希望的な内容も多少は含まれているが、現実的に近似状況になるものと確信している。当然のことながら、地上付近の気温、湿度によっては、雲は発生しても降雨にはならない場合もある。

また前述の空気の性質の解説で、上空に強力な寒気が入ることで、大気が不安定となって地上の暖気が上昇し、積乱雲が発達すると書いたが、大気の不安定とは関係なく空気が上昇する場合がある。例えば、日本海に低気圧があり、太平洋側に高気圧がある場合、空気の流れが太平洋側から日本海に向かって流れる。途中、北アルプス等の３０００メートル級の日本の背骨にたとえられる山が連なっている。地上から数百メートルの厚さの空気が、這うように山を上り、山を越えて日本海側に吹き降りる。

この場合、比重の差で空気が上昇するのではなく、高気圧と低気圧の気圧の差があるため空気の流れで後ろからぐいぐい押されて上昇するのであって、断熱膨張冷却は同じ１０００メートル当たり１０℃である。上昇前の空気の湿度により変化するが、だいたい、１０００メートル上昇した程度で雲が発生し、２０００メートルの高度で

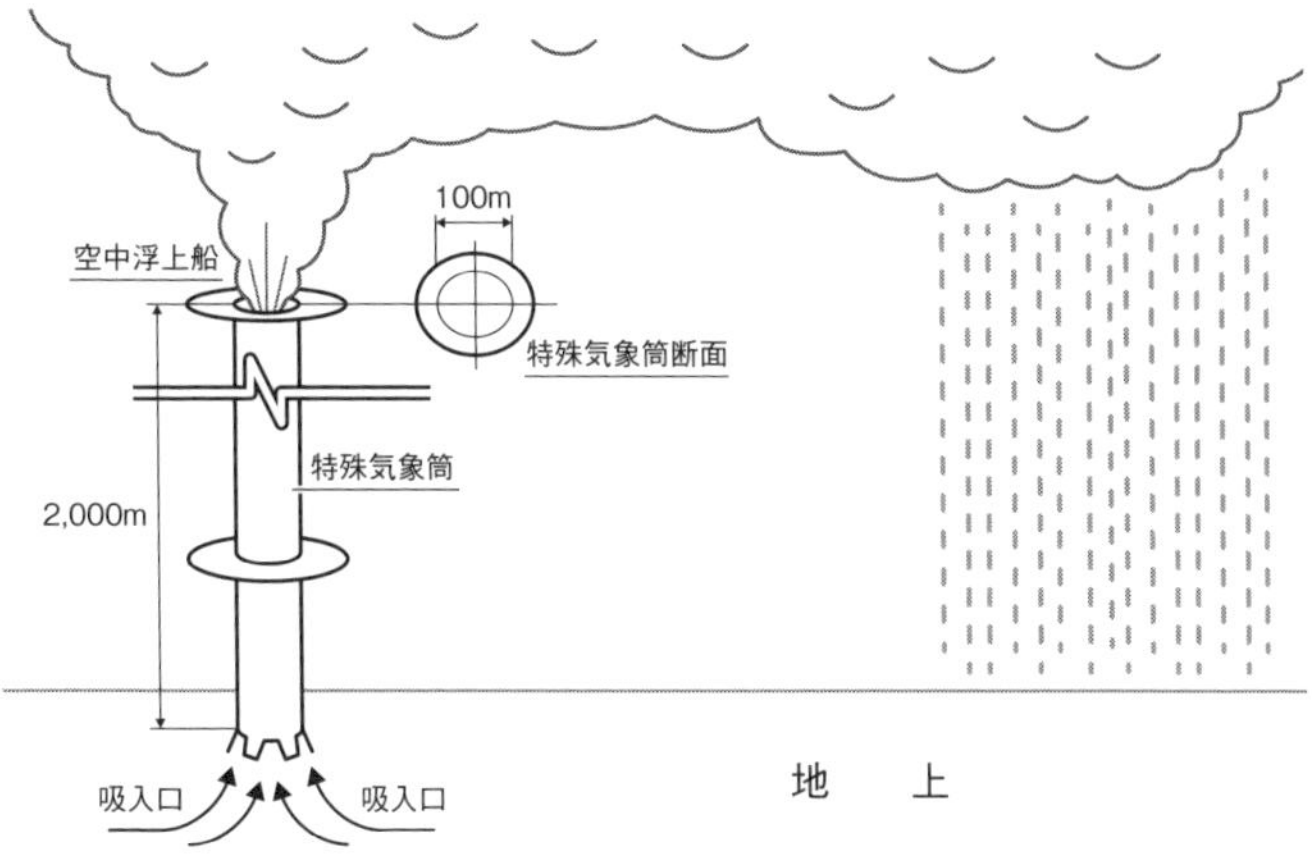


第十図　特殊気象筒

降雨状態となり、山頂付近で乾燥空気となって山を吹き下りる。このような形態が、典型的なフェーン現象で、日本海側の気温上昇となる。

**第二案**

砂漠緑化計画の第二案は、第一案の空気の性質を利用した方法と全く同じである。地上付近の空気を、２０００メートル上空まで持ち上げる気象筒の方式も同じである。

第二案は、飛行船をヒントにした気象筒である。第十図に示したように、海水浴の浮き輪の形の本体にヘリウムガスを充填し、２０００メートル上空に浮上させて、直径100メートルのスカート状の特殊な布を地上50メートルまで吊り上げ、吸入面積を増加させるため図のような形状にしたものである。

第二案の成否の鍵は、スカート状に吊り下げた布の材質である。第一は軽量であること、第二は強靭であること、第三は空気漏れがないこと。

第一の軽量について、気象筒は直径100メートル、長さ2000メートルで、延べ面積は62万8000平方メートルである。上空に浮かぶ浮き輪状の飛行体（以後空中浮上船と仮称）から吊り下げられたスカート状の布は、第一案の気象筒と同じ作用の、特殊気象筒（仮称）で、空中浮上船の浮上能力と、特殊気象筒の重量のバランスで成り立つ計画である。直径と、長さを考慮すれば、軽量は不可決の問題で、しかも、強靭さが必要である。第一案の気象筒の稼働状態の内部は、上昇風速毎秒20メートル、2000メートル真ん前の内部気圧950ヘクトパスカル、外部気圧804ヘクトパスカルで、内部と外部の気圧差約56ヘクトパスカルである。気象筒が外部に膨れる力学が作用する。わずか56ヘクトパスカルの差ではない。56ヘクトパスカルもの大差である。直径100メートルの布製の筒である。伸縮は極力小さく強靭な、しかも、空気洩れのない特殊な布の開発が必要となる。

また、中間の１０００メートル付近に、補助的に空中飛行船を取り付ける必要もある。また、第二案に矛想される不安要因は、上空２０００メートル付近の風である。ある程度の位置の固定化が心要かもしれないが、特殊気象筒の内部が秒速２０メートルの上昇空気である。横揺れを１００メートル以内に防ぐことが、絶対に心要で技術的に解決しなければならない。また、この第二案は移設が容易で、設置場所を季節ごとに変更することも可能である。

# 地球再生計画

## 二酸化炭素が温暖化の主因ではない

### 地球温暖化と北極の氷

近年、北極の氷の減少が頻繁に報道される。原因は、もちろん地球温暖化である。それに異を挿む余地など全くないが、少し方向性が異なるような気がする。温暖化によって北極の夏の気温が1～2℃上昇したからといって、報道されるように急激に融氷するとは思えない。夏は船の航路が開かれ、北極回りの航海が可能となった。北極の夏は短い。夏でも雪が舞うと聞く。逆に、冬期は巨大な寒気団が形成され、極東に流れると、シベリア高気圧が優勢な寒気団となって日本に大雪と寒気をもたらし、アメリカ大陸に流れるとニューヨーク辺りまで大雪と寒波によって死者まで多発し、史上最低気温などと発表される。ヨーロッパ方面も寒気団が流れると、全く同じような気象現象が起きる。

これだけ読むと、どうして北極の氷が融けるのか不思議な気がする。北極海の氷の減少は気温の上昇が原因ではない。となれば、海水温の上昇が北極海の氷の減少の主因である。では、北極海の温度の上昇の源を探究することにする。

太陽からの熱の放射は、昔も現在も、大きな変化はないはずである。昭和五十年代頃と記憶しているが、その頃の人類が排出するエネルギーは、年間石炭換算で100億トンの膨大な数量であったが、太陽から放射され地球が受けるエネルギーの1万5000分の1と言われていた。つまり人類が消費するエネルギーなど、微々たるものであるというわけである。令和の時代になった現在は、人類が排出するエネルギーによって温暖化が進み、台風、北極の氷の融解、砂漠化、豪雨、等すべてに影響を与えていると言われている。しかし、実際は人類がどんなに発熱しても、太陽から大量の紫外線を受けても、ほとんど100パーセントが宇宙へ放熱されている。日中も反射を含めて放熱しているが、特に夜間、雲のない晴天からの赤外線放射が活発である。

物理的に地球は255K（絶対温度）の黒体である。摂氏零下18・15℃であり、実際は約15℃と言われていたが、現在は18℃と想定している。物理上の計算値より、33Kも高温になっている。これは地球大気の中に、温室効果と言われる二酸化炭素と、水蒸気が自然温度調整の役目を果たしているためである。しかし陸上と海上では赤外線放射に大きな差があり、陸上の内陸部の砂漠地帯では日中は40℃を超えるような猛烈な気温となるが、夜は氷点下近くまで低下する。海上では夜も海水温にほとんど変化はなく、気温が数度低下する程度である。

ここまで熱収支について書いたが、北極の氷の減少は海水温の上昇が原因であることが鮮明になった。

では、人類が排熱する項目の中で、直接海水を冷却水としている産業のうち、特別に大量に使用している業種をリストアップすると、原子力発電所、火力発電所、天然ガス火力発電所、石油精製プラント、化学産業プラント等ということがはっきりとわかった。

原子力発電では、核分裂によって発生した膨大な熱を一次冷却水（高温のため水ではなく、化学液体）に伝え、約800℃の一次冷却水で熱交換して高圧蒸気を作り、数段のタービンを回して発電する。最後にタービンを回す能力を失った低圧蒸気を海水で冷却して液体に戻し、高温の熱湯を再び熱交換器に送り込み高圧蒸気を発生させる。これが原子力発電のメカニズムである。

注視すべきは、低圧蒸気を液体に戻すための冷却水である。原子力発電の能力は、一基120万キロワット毎時が多い。その一割の12万キロワット毎時程度の熱量が、冷却水に熱伝導されて海に排熱されている。これでは解りづらいので要約すると、毎秒3トンの海水が熱交換器に入り、水温が6℃上昇して排出される。熱量に換算すると、毎秒18万3000キロカロリーが海水に排熱されている（この種の質問を原発に求めようと思ったが、核心部分のため回答を得るのは困難と思い、私の想定した数値であるが、大差ないはずである）。

次に火力発電だが、最近は原子力発電と同規模の発電能力を有している。発電のメカニズムは全く同じで、高圧蒸気を発生させるのに、原子力に対して、石油や石炭を燃焼して高圧蒸気を発生させる。そして排熱も全く同じで、発電タービンを稼働させた後の低圧蒸気を冷却し液体に戻すのに大量の冷却水を使用し、熱移動して海に戻す。従って海に排熱する熱量は原子力発電と大差ない。

同じ火力発電であり、発電能力も原子力発電や石炭石油火力の発電と同じ規模でも、天然ガス発電はシステムが大きく異なる。大量の空気と天然ガスとの燃焼による推力で主力のタービンを回転させて発電し（ジェットエンジンと同じ仕組み）、タービンを通過した高温の燃焼ガスで高圧蒸気を発生させ、蒸気タービンを回転させる。数段のタービンを経て発電能力を失った低圧蒸気を液体に戻すための冷却水は同じように海水を使用するが、発電の主力は、ガスタービンのため、冷却水量は原子力発電や石化燃料の火力発電に比べ半分程度である。

他に石油精製プラントや化学産業プラントなど、海水を冷却水とする工場は、九州沿岸から本州の太平洋沿岸に集中しており、120万キロワット毎時の発電の規模換算で100基程度と想定し、発電所の100基と集計すると、200基が合計の数字である。前述したが、一基毎時1万8000トンの海水を6℃上昇させて海に戻しているのである。日本全体では200倍の216万トンである。この数字は日本だけの一時間の数字である。フィリピン、ベトナム沿岸、中国の太平洋沿岸、台湾、特に発展著しい中国と台湾を考慮すると、この四ヵ国で、日本の二倍の約430万トンの海水を冷却水に使用し、海に排熱している。

フィリピン付近を源に北上し、日本列島に沿って北海道の北まで達する黒潮。その黒潮の海水温に、列挙した国の排熱が潜在的に大きな影響を与えている。このように書くと、中国大陸の沿岸は東シナ海で、黒潮とは無関係と反論する識者が多数と想定するが、中国沿岸の海水も滞留しているはずはなく、横の温度対流も激しく、太平洋と無関係ではない。

こうして、長年にわたって蓄熱された黒潮が、北海道の北で親潮と熱交換し、北極海の海水温度を長い長い年月を経て、わずか2℃程度上昇させたものと思う。もちろん、黒潮だけの熱伝導の結果ではない。アメリカ、カナダの西海岸の太平洋の流れ、それに大西洋に排熱されるアメリカ、カナダの東海岸、イギリス、ドイツ、フランス等の西沿岸諸国の原子力、火力の発電による排熱、その他の産業排熱によって、太平洋岸と同じように、長い長い年月を経て大西洋側より北極海の海水温度を上昇させたものと確信している。

温暖化の原因は、温室効果ガスといわれる二酸化炭素ガスの増加であるとするのが一般論である。地球を取り巻く大気の中で、二酸化炭素の占める割合は、0・35パーセントであったが、平成の初め頃は0・38パーセントに増加したと何かの活字で読んだ。現在の数値が0・4パーセントに跳ね上がっていても、0・35パーセントより０・０５パーセント増加しただけである。二酸化炭素は、植物の成長に不可欠の光合成に絶対に必要であり、余分な量は海水に溶け込むので、二酸化炭素による温暖化、というより蓄熱性はゼロと表現するのが適当である。

赤外線放射による陸上の蓄熱が理論上もゼロとなれば、温暖化の原因は、海水温の上昇がすべてである。

ここで改めて地球の熱収支について探究すると、陸上では太陽の紫外線の他、人類が発生させる石油、石炭、天然ガスの燃焼の他、電力、及び火山、温泉等の地球内部の熱が主な熱収入である。しかし、その熱は、昼夜を問わず、特に夜間に赤外線放射され、宇宙に拡散されている。

次に海上の熱収支である。太陽の紫外線放射、海底火山等の地中熱、発電所、化学産業等の冷却水の排熱が主な熱収入である。このうち、大半を占める紫外線について、海水の特性上、反射率が高く、吸収率は意外に少ない。テレビのニュース番組などで月から見た地球が画面上で青く輝く姿を見たが、陸上は茶色に映っているが、海上は青く光っていた。これは、海上の反射率の高いことを歴然と示していた。反射して宇宙に跳ね返って、吸収が少ないという現象である。夜間の赤外線放射も、海水の特性上、表面付近が少し冷却するだけで、空気を含めて、温度変化が陸上に比べて極めて少ない。

　地球に海はあるけれど大気がないと仮定すると、昼間は１００℃を超える紫外線が照りつけ、夜間は零下百数十℃となる。陸上の岩石の温度は昼間は１００℃近く昇温するが、夜明け頃は、零下３０℃くらいまで低下する。赤道付近の海上は深さ３０メートルくらいまで約２０℃を保ち、昼間は０・５メートルの表面のみ１０℃程度上昇し、夜間は１０℃程度低下する（有り得ないが、海水の蒸発はゼロと仮定）。どうしてこのような仮定の姿を書いたのかというと、陸上と海上の蓄熱の差である。現在の大気の存在する地球は、雲やエーロゾル（煙突から、排気された排気ガス、海水しぶきが蒸発してできた海塩粒子、車などから排気された排気ガス等の微粒子の総称）に反射して、３０パーセントは宇宙に拡散する。地上に到達した可視光線も一部は地上に反射して宇宙に戻る。地上や大気に吸収された熱エネルギーや、人類が放出する排熱も、夜間に赤外線として宇宙に放熱し、放射平衡温度が作用して、季節の温度を保っている。海上も陸上と同じ７０パーセントの可視光線の熱エネルギーも、浅瀬を除いて、反射率が高く、海水への熱吸収が少ない。しかし夜間の赤外線放射も少ないため、昼夜の海水温度にほとんど変化はない。

地球の熱収支について、あらゆる角度から検証したが、これは世界中に定着している、二酸化炭素が地球温暖化の主因という論理に、真っ向から反論するために書いたものである。

まず蓄熱能力である。戦後、産業革命によって膨大な石化燃料を消費してきた。現在も増加の一途である。しかし、気温は平均2℃程度上昇したのみである。これは二酸化炭素が0・05パーセント増加しても、基本的には陸地に蓄熱能力がないからで、太陽から紫外線が降りそそいでも、石油や石炭を燃焼させても、熱を地上に貯めることは不可能で、夜間、赤外線放射で宇宙へ放散する。夏の昼間、素足で歩くのが困難なほど熱していたアスファルト道路も、朝になれば常温に戻っている。当たり前の認識で、これが陸地に蓄熱能力がない証拠である。

ところが、海上に目を向けると陸地とはまったく異なる。真夏、強烈な太陽光線を受けても、反射率が高い反面、吸収しても蒸発に熱移動するため、海水温の夜間と昼間の変化はあまりない。だが、近年100メートルまでの深度の海水温が約2℃上昇している。この現象こそ、地球温暖化の元凶である。北極の氷を溶かしたのも、北極の海水の昇温である。では、どのような過程を経て、100メートルの深さまで熱エネルギーを伝導することになったのか、人類に大変重大な問題である。

太陽光線を含め、産業生産活動や国民生活（車など）からの排熱等、陸地からの海水への熱移動はほとんどないと述べた。海上も、唯一の熱エネルギーの太陽光線と赤外線放射の関係も変化はない。では、どうした過程で、深さ100メートルまでの海水の温度が2℃上昇したのか。この項を最初からじっくり読んでいただくと、その姿がはっきりとわかるだろう。原子力発電所、火力発電所、各産業プラントの海水を利用した冷却水である。最大の誤認は、二酸化炭素を出さない温暖化防止の優等生だった原子力発電所が温暖化の大きな一翼を担っていたことにある。高温の冷却水が海水の表面に排水されれば、夜間に赤外線放射で冷却されるが、水中に排出すれば赤外線放射はない。こうして数十年にわたって世界中の設備が、海水温を2℃上昇させたものと断定するべきである。海水が2℃上昇すれば、気温も2℃上昇するのは自然の理である。

地球温暖化の原因は、二酸化炭素が主因ではなく、海水温の上昇であったという結果である。

地球温暖化の原因は海水温の上昇であったという結論になったが、このまま人類の増加、化学技術が進めば、北極海は氷の海ではなく普通の海になってしまうことは容易に想像できる。そのような地球変貌は、絶対に避けなければならない。

まず、海水温上昇の原因と断じた原子力発電所、火力発電所、産業プラントに冷却塔を設置し、冷却水を循環型に改造して、海水を一切使用停止にすることが急務である。冷却塔を簡略に解説すると、熱交換器で昇温した冷却水を、冷却塔内で空気と熱交換して冷却し、冷却水を循環運転する装置である。主に、蒸発熱を利用して冷却水の温度を下げる仕組みのため、冷却塔から放出される大量の空気は温度は40℃を超え、特に湿度は、100パーセント以上の湯気の状態で目視できるほどである。

現在の地球温暖化の原因は海水温の上昇と断じた私の論理から、突然、冷却塔を採用して海に熱を棄てない、という提言であるが、発電能力一基120万キロワット毎時の冷却塔となると、巨大さ故に簡単な話ではない。前述したが、毎秒3000リットル、毎分180立方メートルの冷却水の循環が必要である。蒸発量も、冷却塔に吸入される空気の湿度によって異なるが、少なくとも毎分1000リットルは補給されなければならない。毎時60立方メートルという驚くべき数字である。

出力120万キロワット毎時の原子力発電の冷却水量の算出を説明すると、低圧蒸気を液体に戻すための熱損失を出力の10パーセントと想定し、12万キロワットと算出した数字を熱量に換算し、冷却水の入口、出口の差を6℃として水量を算出したものである。

これは原子力発電の場合で、火力発電も出力が同じ場合は冷却水は全く同じで、火力の場合は、燃焼効率や熱伝導効率などの損出で、煙突から30～40パーセントのエネルギーが逃げていく違いである。

目的は、これ以上の地球温暖化を防ぐ方策論で、冷却水循環となったが、膨大な冷却水の蒸発に、気象や赤外線放射に影響は発生する懸念はないのか検証する必要がある。

まず我が国の原子力、火力の発電設備、産業プラント設備等の合計は12万キロワット毎時換算で2000基と前述したが、冷却水の補給水量は一日に28万立方メートル強必要となる。つまり二十四時間に、28万立方メートル強の水量が水蒸気となって大気に放出される。この数字を見ると、日本の気象に影響が生じるのではないかという疑念が生じるが、気象の変化は単純ではない。大気に放出した高温多湿の空気も、降雨状態となる高度1500メートル～2000メートルまで上昇するのは不可能で、冷却塔方式に変更の結果で気象の変化はない。

第二次世界大戦後、産業の発展と共に六十年を経て地球温暖化により海水、気温が2℃上昇し、北極海の氷はもとより、ヒマラヤの氷河も大きく後退している。このまま、産業界や科学者間で議論優先の無為無策が続けば、六十年後、海水面が数メートル上昇して、世界の主要都市は水没し、復元不可能な地球に変貌している。この意見は一致している。

こうなると、結果として、人間の限りない知能発達が、技術力発展、産業発展と大きく姿を変え、地球の姿まで変えてしまう。数十年後は、北回帰線、南回帰線内の気温は45℃を超えるのが常習化し、人間が生活できる状態ではなくなる可能性がある。

国際会議を開いても、二酸化炭素削減問題一辺倒で、二酸化炭素以外の温暖化原因の意見は皆無である。これまで原子力発電所、火力発電所、産業プラント等の海水への排熱が温暖化の大きな原因と述べてきたが、もう一件、重大な項目がある。

それは航空機の排気ガスである。ジェットエンジンの排気ガスは、完全燃焼しても水蒸気と二酸化炭素と共に大量の微粒子が出る。いわゆる燃焼ススである。不完全燃焼ならば煙の姿で目視できるが、完全燃焼ならば目には見えない。問題なのは、飛行する高度である。大型機の飛行高度は、ほとんどが1万メートルである。1万メートルは、地上からの対流圏と成層圏の境目の高度である。正確には、赤道付近の低緯度では1万2000メートルで、北極、南極に近い高緯度では、8000メートルで、平均1万メートルが対流圏と成層圏の界面である。

強力な台風の中心付近の積乱雲も対流圏と成層圏の界面に達すると、横に広がり、界面を越えることはない。夏に大粒の雹を降らせるほど猛発達した積乱雲も、界面に達すると横に広がり、決して成層圏には入らない。しかし、対流圏と成層圏の界面を飛行する航空機の排気ガスの温度は数百℃である。対照的に、界面付近の気温は零下約60℃である。その厳しい低温の世界に、数百℃の高温の排気ガスを噴射すれば、100パーセントの排気ガスが成層圏に排出され、対流圏には戻らない。

何を問題視しているかというと、成層圏では雨が降らないことである。

対流圏では、空中に浮遊するエーロゾルを雨がきれいに洗い流してくれる。念のため、エーロゾルの粒子の大きさを解説すると、5000万分の1ミリメートルから1000分の1ミリメートルで、空気中に浮遊する数は海上で10の9乗毎立方メートル、陸上で10の10乗毎立方メートル、都市部上空で10の11乗毎立方メートルと言われている。実に都市部上空で1立方メートルに1千億個である。地上付近の空気が上昇し露点温度まで低下すると、空気中の水分が凝縮し、エーロゾルを核として霧が発生する。さらに上昇して温度が低下すると、濃霧となり、やがて降雨状態となる。つまり対流圏では、自然に対流活動によって空気が洗浄されているのである。

しかし成層圏となると、空気の流れは対流圏とは全く違う。風は吹いているが、成層圏の空気が対流圏に流れ込むことは絶対にない。雲がなく、雨とは無関係の世界のため、どんなに空気が汚れても、対流圏のように雨による自然洗浄など有り得ない。日本の羽田空港だけでも、二十四時間、一本の滑走路だけで2分に一回程度離発着している。成田空港、関西空港、中部空港等、日本だけでも膨大な機数が対流圏と成層圏の界面を飛行している。これが世界となると、計算するのも空恐ろしくなる。

一基3万馬力以上の巨大なジェットエンジンから排出される、エーロゾル、水蒸気、二酸化炭素等が毎日成層圏を汚染しているのである。前述で、二酸化炭素は問題外と書いたが、成層圏では話が全く違う。植物の二酸化炭素の吸収もなければ、海水に溶け込むこともない。

ここで太陽、地球、宇宙の熱の出入関係を、少々専門的に書く必要がある。

太陽から地球には、紫外線、可視光線、赤外線が放射されているが、0・5ミクロンの可視光線が中心の短波放射である。雲などの反射物を除いて地上まで透過する。地上より宇宙への放射は、100パーセント赤外線で、11ミクロンの長波放射で、地球が太陽から吸収する放射量と、地球から宇宙へ射出する放射量がつり合って、今までは放射平衡の状態であった。太陽からの放射も、地上から25キロメートル付近のオゾン層によって、有害な紫外線のみ減射する以外、対流圏に達するまでは100パーセント近い照射である。このまま世界の航空機が、成層圏を水蒸気、エーロゾル(排気スス)、二酸化炭素等で汚染した場合を想定すると、五十年後、午後三時頃に晴天の空を見上げると、まっ青の晴天であるけれど、どこかやや白っぽい。まっ青ではない。気のせい、と思い見直しても、やはり白っぽい。

これは、水蒸気とエーロゾルが混在し、前述した都市部上空のエーロゾルの数、10の11乗毎立方メートル以上の汚染度である。毎年春になると、中国大陸の黄砂が飛来する。直接飛来している地域は論外だが、直接飛来していないが空の色が何となく白っぽいことがある。この状態と同じである。こうなると、太陽放射が減少して地球が寒冷化するのか、逆に赤外線放射が減って温暖化が加速するのか、全く見当がつかない。

地上の対流圏は約10キロメートル、成層圏は約50キロメートルと広大であるが、一旦成層圏が汚染されたら永久に回復不能である。自然浄化作用はあり得ない。現在進行中の汚染を停止する唯一の策は、世界の航空機の飛行高度を、8000メートル以下にすることである。ただし、ロシアや、北欧など高緯度の飛行高度は7000メートル以下に厳守する必要がある。多分、空気抵抗の上昇により、燃費が悪化し運行経費が増加するといった反対意見が予想されるが、地球はひとつしかない。地球を救う道もひとつである。

# 日本のエネルギー

地球規模の問題点を、技術的な視点で書いてきたが、我が国の数十年後の姿を想定すると、やはり最大の懸念は燃料問題である。二〇一一年三月十一日に、東日本大震災が発生した。そして、ケタ外れの大津波が東北、関東を襲った。人的、物的被害は日本列島有史以降最大と思われる。加えて最大の衝撃は、福島原子力発電所の爆発事故である。刻を経た現在、改めて冷静に検証すると、津波によって電気設備が海水を被り、絶縁不能的に破壊され、原子炉が冷却不能に陥り、爆発事故に至ったものである。あの激震によって原子炉、熱交換器、発電タービン、巨大ポンプ等主な設備は動かなくなってしまったのである。しかし結果は、放射能拡散により住民の避難、退去生活となり、現在も続いている。この結果を経て、国民の原子力発電に対する認識が大きく変化した。

原子力規制委員会の厳しい検査に合格しても、近隣都市の反対や知事の承認が得られず、運転できない原子力発電所が多数存在する。津波さえ発生しなければ現在も変わらず稼働していたはずで、逆に、原子力発電所の地震に対する頑丈さを国民の間に認識してもらう努力が不可欠である。

世界が石油を大量に消費するようになって数十年、この先数十年後には石油の枯渇問題が大きく浮上し、世界中を揺るがしていく可能性がある。

日本は資源の乏しい国で、技術立国である。今こそ、原子力アレルギーに陥ってはならない。

まず、原子力発電一基休止しているぶん、火力発電を稼働させると、次のような結果となる。一基120万キロワット毎時の出力には、熱損失を加えると、少なくとも190万キロワット毎時の熱出力が必要となり、熱量に換算すると10億4500万キロカロリー毎時で、石油一リットルの発熱量が9000キロカロリーとすると約116キロリットル毎時となり、二十四時間で2784キロリットル消費することになる。金額に換算すると、1キロリットルが4万5000円の場合、一日に1億2528万円が、発電することで文字通り煙となって消える。日本全体で十基休止すれば、

12億5300万円で、年間4573億円の日本の富が産油国に流れ、貿易収支に大きな影響を与えるだろう。4573億円といえば、日本の国家予算の220分の1近い莫大な数字である。このような視点からの説明を聞いた記憶がない。政治家やメディアも、国民に丁寧に説明すべきである。

世界一の石油大国のサウジアラビアでは、国家運営の石油からの脱却を進めており、これは石油埋蔵量に限りがあることを自覚していることを物語っている。他の産油国も石油一辺倒からの脱却を刻を経ずして計画すると思われる。そうなると、数年後には輸出制限という現実が世界中に衝撃を与えると想像できる。そのような現実に直面する前に、日本のエネルギー計画が不可欠である。そうなると、どうしても切り離すことができないのが原子力である。

脱石油の一案であるが、原子力を利用して水素を大量に安価に作るという方策がある。実現すれば、資源は無限にあり、燃料の懸念は永久になくなる。現在でも、水素を作るのは容易だが、石油に代わって普及するには、避けて通れない一点がある。それは、蒸発温度が低温のため、高圧ガスに分類されている点である。そのため、補給スタンド設置には莫大な金がかかり、走行している車の燃料タンクも耐圧タンクである。

この高圧水素ガスを、常温で0キログラム毎平方センチメートルになるように研究開発する必要がある。これが完成して、初めて石油に代わる資源の完成に至る。これによって、補給スタンドの設置が容易になり、車の燃料タンクも圧力タンクである必要がない。

水素高圧ガスが普通の液体燃料に状態変化する……。字で書くのは簡単だが、実際は研究開発し、化学的加工を経て、無圧の液体燃料となる。このような過程を経るにはどうしても大容量の電力が不可欠である。無資源国日本の繁栄は、エネルギー問題にかかっている。それには、どうしても原子力に頼る以外、他に方法はない。

原子力発電所、それに加えて原子力水素製造工場、これが日本のエネルギーの姿である。

# 地球の地下資源

地球が誕生して数十億年、人類が誕生してわずか百万年と言われている。その人類が劇的に変化を遂げ、科学技術の発展のもとに豊かな生活を謳歌できるのも、石油、石炭、天然ガスの地下資源の賜である。この地下資源は、地球誕生の最初から存在していたものではなく、地球年齢で表現すれば、つい最近地中で生成されたものであることは衆知が一致している。

まず原油である。一般の学術的な生成過程は、動物の死骸等が地中で物質変化して原油になったものと言われている。具体的に再現すると、太古の昔恐竜等の大型動物が大群で草原を濶歩していた。草食動物と肉食動物が我が世の春の大繁盛時代である。しかし、ある時陸上に巨大な隕石が落下し、巻きあげた粉塵で太陽光線が激減し、地球が寒冷化し、動植物が死んでしまった。その後、地殻変動が発生し、草原と共に動物の死骸が地中深く埋没した。そして長い長い年月を経て、動物の死骸が物質変化して原油になった。これが一般理論である。

私は、どうしてもこの学説に納得できない。なるほど、生成過程に異論はない。納得できないのは原油の量である。

例えば、世界トップの産油国のサウジアラビアを例にすると、毎日10万トンクラスのタンカーが多数出入港している。しかも数十年以前から、世界トップの座を維持しており、今後も続くと思われる。とすれば、太古の昔、サウジアラビアでは現代の世界最大といわれるアフリカ象クラスの大型動物が数百億頭が草原を濶歩していたことになり、世界全体では数百兆頭となる。

動物の死骸が原油の源であるという学術的論理に納得できない理由は、このような馬鹿馬鹿しい結果となるからで、量的に絶対不可能である。地中で岩石が物質変化して、原油に変質するのはあり得ない。逆に、動物の死骸が化石となって、我々の目前に現れている。不思議なのは、原油の源が動物の死骸であるという学説に対し、異論を唱える学者がひとりも現れないことである。

ここで改めて、私の原油の生成過程を確信をもって再現し、読者の皆様の賛否を期待する。

人類が登場する数百万年前、地球もすっかり落ち着きを取り戻し、地上では太陽の光を浴びて植物は光合成を行い、繁茂していた。その頃、中東地域には琵琶湖程度の淡水の湖が点在していた。当然、砂漠ではなく、多くの動植物が活性化していた。湖も動物や大小の魚類と共に水中生物が増殖し、また、歩調を合わせたように、すべての湖で植物の藻が生えて、最初は岸辺だけだったものが、数年を経て、湖全体に埋めつくされた。藻は一年ごとに新芽を出し、次第に堆積し、古い根は腐って湖の底に堆積した。数百年を経て、藻の堆積物で湖が数メートルと浅くなり、水質悪化で魚や水中生物等が生きられなくなり、藻も枯れ、湖全体が腐った泥状のタメ池となった。巨大な泥沼である。

その後、大規模な地殻変動が発生し、中東地域が現在に近い状態となった。この地殻変動により、泥沼化した湖全体が沈下し、地中深く埋没してしまった。この地域に点在していたすべての湖も、同じように泥状化して、同じように埋没した。長い年月を経て堆積し泥状化した藻と、すべての水中生物の死骸と湖水が、埋没した高圧下の地中で、長い長い年月を経て化学反応し、物質変化して原油に生まれ変わった。これが私の原油生成過程理論である。サウジアラビアには、その昔、琵琶湖程度の湖の他、幾つかの湖が点在しており、それが全部同じような過程を経て油田となったもので、琵琶湖程度の一ヵ所でも埋蔵量は膨大で、今までの生成過程の動物の死骸論の否定をクリアするものである。原油の生成過程を、もう少し深く掘り下げなければならない。大きな湖には、当然、魚や水中生物が活動しており、深い所で200メートルだった。このままでは、地殻変動が発生して地中深く埋没しても、原油にはならない。やはり藻の発生である。浮き藻は湖全体に広がり、毎年新芽が生え、枯れた茎は湖底に落下して堆積し泥状となり、水深数メートルまで堆積した。ここまでは、先ほど記述した。問題は、湖底に堆積した泥状化の泥である。この時点の泥は植物なのか、鉱物化しているのか。藻は植物であり、魚や水中生物は動物である。そして、原油は鉱物である。水は当然鉱物である。

要約すると、魚や水中生物が住む深さ200メートルの湖に、藻が湖全体に浮き藻の状態で太陽の光を浴び、光合成して繁茂し、枯れ茎が湖底に溜まり、泥状化して堆積した。その泥状化した藻と、水中生物の死骸と水が化学反応し、状態変化したものが、原油となったのである。つまり光合成した太陽が原油を製造した、と断じることができる。

　次は石炭である。石炭は原油とは異なり、生成過程は単純で、太古の昔、大木が繁立する山に表面崩れが発生し、大木が横倒しになって、麓に集積した。その後、地殻変動により地中に埋没し、長い長い年月を経て植物から鉱物に状態変化し、炭化したものである。この論理には、私も全く異論はない。だが、オーストラリアの大規模な露天掘りの鉱山をテレビ画面で観て、あまりの広大規模に、いくら太古の昔でも直径が数キロなんて大木はあり得ない、と生成過程に疑問を感じていた。その後、北海道のある湿原を紹介する番組を観て、何か閃きを感じた。湿原は、単年生の草花の植物が密生しており、足もとは、くるぶしまで沈む柔らかい土壌であった。土地の人は、この柔らかい泥は10メートルの深さである、と解説していた。とにかく広大な湿原である。この泥は、単年生の植物が一年ごとに枯れ、枯れた茎根が泥状化して堆積したものである。一年に1センチメートル積み重なれば、十年で10センチ、十万年で100メートルとなる。そこに近くの火山が活発となって数回爆発し、1メートルほど火山灰が積み重なって、湿原は消え数十万年経過した。数十万年経て堆積した内部の泥は炭化して、立派な石炭に状態変化していた。オーストラリアの露天掘りの鉱山も、長い長い刻を経て、このような石炭鉱になったものと私の理論を再現した。結局、前述の石油と同じで、太陽の光合成が不可欠の植物が化学反応により状態変化し、石炭となったものである。

最後は、天然ガスである。人類が登場する数百万年前、原油の生成の源となった同じ時代、やはり同じように湖が点在していた。しかし、藻の生えない湖が存在した。この湖には、多種の水中生物や巨大な魚類と共に、巨大なワニが多数棲息していた。しかしある時、巨大隕石の衝突が原因で地球が寒冷化し、湖の生物が全部死亡した。やがて寒冷化が終わり湖の氷が溶け、水温の上昇と共に、ワニや魚等の水中生物の腐肉が水質悪化を招き、刻を経て、昔の農村の肥溜めの状態になった。

太古の昔は、現在とは異なりマグマ活動が活発で、火山活動も爆発の頻度が激しく、火山灰も広範囲にわたり堆積した。地殻変動もマグマ活動により多発し、水質悪化した湖も、地中深く埋没した。地球も安定期に入り、地中深く、高圧下の無酸素で、数万年を経て人類に発見された時は、透明な液体高圧天然ガスに物質変化していた。

石油、石炭、天然ガスの地下資源の生成過程を、科学者ではない私が書いたが、地球上には、水、植物、動物の他、資源はない。この組み合わせによって、石油、石炭、天然ガスに変質すると確信をもって理解している。現実に、我々の生活圏でも水を主成分として、植物（麦やサツマイモ）と化合し発酵させると、燃える水（ウイスキーや焼酎）を作ることが可能である。物理学者が、化学式の方向から視点を向ければ、反論すると思われる。

しかし、どんなに反論されても、水、植物、動物の組み合わせによる、石油、石炭、天然ガスの生成理論は、量的理論を含めて変更するつもりはない。

# 海水温の上昇が大水害を誘発する

本稿を書き終えて達成感に浸っていると、テレビで日本近海の海水温を色分けした図を画面で映していた。頭の中が空虚の状態であったが、私には見過ごすことのできない事項なので真剣に見ていたが、東シナ海の高温が異常に思えた。六月末の頃である。

はたして七月に入り、九州に大水害が発生した。球磨川、筑後川一帯の広範囲にわたり、降り続いた豪雨による大水害の発生である。政府は、この水害を令和二年七月の水害と命名した。当然の結果の規模の大水害である。政府がこの水害を命名した時、私はこの大水害を自然現象による災害と思うことができなかった。

常態化するのではないか、と一瞬頭の中をよぎったのである。前にも述べたように温暖化は二酸化炭素が主因ではない。温暖化の中で、工業廃水による海水温の上昇を警告したが、その反射作用である。今回の大水害の原因は、東シナ海の海水温の高温である。仮に、令和二年の梅雨期が空梅雨で、夏のような太陽光線が容赦なく東シナ海を照りつけ海水温を上昇させたということならば納得できるが、六月の初旬に梅雨入りした後、曇天続きで雨も多く、低温が続いた。しかし、テレビ画面で見たのは、色分けした東シナ海の異常な高温である。具体的に数字で表示していなかったが、28℃以上と過去の数字と重ね合わせていた。こうなると、もはや地球の自然活動の数字ではなく、発電所等の海への排熱が大きく影響していると断じざるを得ない。

七月に入り、気温も30℃近くまで上昇し、高温の海水から蒸発した水蒸気を高温の空気が吸湿し、九州を横切るように停滞した梅雨前線に向かって、西と南西から流れて衝突し、台風並みの積乱雲を猛発達させたのである。前に、発電所等の海への排熱が海水温の上昇を招き、温暖化や北極の氷を融かしたと書いたが、海水温が上昇すれば、蒸発量が増加し豪雨災害が多発する。これは、当たり前のことだが、心配されるのはこれが一定地域に固定化し、常態化することである。このような懸念は、杞憂であることを願うが、地球の自然現象が変化していることは間違いないのが事実である。

# あとがき

地球再生計画で、成層圏の汚染について書いたが、どうしても書き足りない部分が、頭の隅に残っていた。科学者がひとりも汚染を指摘しないのが不思議である。対流圏と成層圏の界面を飛行する航空機の巨大なジェットエンジンから排出される排気ガスは、二酸化炭素、水蒸気、エーロゾルである。この排気ガスによって、成層圏が汚染されていると記述した。ふと上空を見て気になったのは、鮮やかに尾を引く飛行機雲である。地上の気温30℃、湿度70パーセントの場合、約800メートル上昇すると、23・8℃に低下して、露点温度になり雲ができ始める。航空機が飛行する1万メートル上空は、氷点下50℃以下の厳しい世界である。数百℃の排気ガスが数秒で露点温度まで低下するのは不思議ではない。雲は空気中の水分がエーロゾルを核として凝縮する微小な水滴の集合体である。逆にいえば、エーロゾルがなければ、雲は発生しない。また1万メートル上空の飛行機雲は、最初は水滴の集合体だが、数十秒を経ずして氷晶の集合体となる。そして数分で消えた。氷が昇華して蒸発したのである。

地上から上空を目視して明らかに排気ガスが成層圏に上昇しながら消えていった。事実上、成層圏が航空機の排気ガスの廃棄場所である。

地球を環境破壊で人の住めないような地獄にするか、それとも、今のうちに何が環境破壊しているか気付いて豊かな生活を維持するか、選ぶのも人類である。

**著者プロフィール**

**石平 久男**（いしだいら ひさお）

昭和８年　長野県丸子町（現上田市）に生まれる。
昭和33年　オリエンタル写真工業株式会社入社。工務部動力課に配属。
昭和43年　熱海市青木冷凍機株式会社入社。
昭和51年　協和冷熱設立。
昭和59年　法人移行。代表取締役就任。
平成15年　代表取締役退任後、会長就任。
　　　　　現在有限会社協和冷熱会長。

第二種冷凍機械主任者
２級管工事施工管理技士
冷凍空調工事保安管理者　A区分
危険物取扱者乙種　第四類

**地球の空調と地震**

2021年１月15日　初版第１刷発行

著　者　石平 久男
発行者　瓜谷 綱延
発行所　株式会社文芸社
〒160-0022　東京都新宿区新宿1－10－1
電話　03-5369-3060（代表）
03-5369-2299（販売）

印刷所　株式会社フクイン


ISBN978-4-286-22217-2